Eleni Dimitriadou

# Inteligência artificial e tecnologias emergentes em salas de aula inteligentes

Eleni Dimitriadou

# Inteligência artificial e tecnologias emergentes em salas de aula inteligentes

ScienciaScripts

**Imprint**

Any brand names and product names mentioned in this book are subject to trademark, brand or patent protection and are trademarks or registered trademarks of their respective holders. The use of brand names, product names, common names, trade names, product descriptions etc. even without a particular marking in this work is in no way to be construed to mean that such names may be regarded as unrestricted in respect of trademark and brand protection legislation and could thus be used by anyone.

Cover image: www.ingimage.com

This book is a translation from the original published under ISBN 978-620-7-80621-8.

Publisher:
Sciencia Scripts
is a trademark of
Dodo Books Indian Ocean Ltd. and OmniScriptum S.R.L publishing group

120 High Road, East Finchley, London, N2 9ED, United Kingdom
Str. Armeneasca 28/1, office 1, Chisinau MD-2012, Republic of Moldova, Europe
Printed at: see last page
**ISBN: 978-620-7-77898-0**

# *Inteligência artificial e tecnologias emergentes em salas de aula inteligentes: Passado, presente e futuro.*

Eleni A. Dimitriadou

Parte deste livro baseia-se na dissertação de doutoramento do autor. A universidade associada (Universidade de Tecnologia de Chipre) concorda e incentiva a publicação do livro pela Lambert.

# Resumo

Este livro apresenta uma panorâmica abrangente dos trabalhos de investigação recentes sobre a utilização de Tecnologias Emergentes (TE) e Inteligência Artificial (IA) em ambientes de aprendizagem inteligentes. As tecnologias emergentes e os sistemas de IA em ambientes de aprendizagem inteligentes melhoram a eficiência da aprendizagem pessoal e do processo adaptativo, aumentando o nível de envolvimento e o desempenho do aluno. Para além da apresentação de tecnologias educativas de IA e de TE, é apresentada uma avaliação crítica das vantagens, desvantagens, impacto e potencial da IA e da TE em aulas inteligentes. É apresentada uma vasta gama de tecnologias de aulas inteligentes, ao mesmo tempo que é dada atenção às aplicações actuais e futuras da IA em aulas inteligentes, permitindo aos leitores obter uma visão relacionada com as oportunidades e os desafios envolvidos na aplicação da IA em salas de aula inteligentes. O livro é composto por sete capítulos. Os capítulos incluem Introdução, Inteligência Artificial e Auxiliares de Ensino Inteligentes, Inteligência Artificial e Gestão da Sala de Aula, Impacto da Sala de Aula Inteligente, IA em Salas de Aula Inteligentes, Discussão - Direcções Futuras e Conclusões. O material apresentado neste livro dirige-se a um público de investigação multidisciplinar, incluindo investigadores em tecnologia educativa, educadores, profissionais, estudantes e investigadores/desenvolvedores que trabalham nas áreas da ET e da IA. Alguns dos benefícios da leitura deste livro são: (a) Conhecer as tecnologias mais recentes e as direcções futuras que podem apoiar a criação de uma sala de aula inteligente da próxima geração; (b) Informar-se sobre as novas oportunidades que uma sala de aula inteligente da próxima geração pode proporcionar, juntamente com uma discussão sobre as vantagens, desvantagens e limitações mais significativas das tecnologias de sala de aula inteligente existentes; (c) Compreender a utilização da IA em ligação com as tecnologias utilizadas numa sala de aula inteligente, permitindo aos leitores familiarizarem-se com a utilização da IA na maioria dos aspectos de um processo educativo inteligente. Este livro discute soluções para a utilização eficaz das novas tecnologias na educação e fornece informações sobre a transição das salas de aula tradicionais para as modernas, para que o processo educativo possa ser mais interativo, envolvente e personalizado.

**Palavras-chave:** *Inteligência Artificial, Tecnologias Emergentes, Sala de Aula Inteligente.*

# Índice

# Capítulo 1: Introdução

O termo "Sala de Aula S.M.A.R.T" significa Showing, Manageable, Accessible, Real-time Interactive, and Testing (Huang et al., 2019), e refere-se a um cenário onde o espaço físico é infundido com ferramentas e recursos digitais cuidadosamente construídos para incentivar a conexão dos alunos em vários níveis sociais, melhorar a interação face a face em tempo real e registar o conhecimento coletivo de toda a turma (Lui & Slotta, 2014). O conceito de "*Sala de Aula Inteligente*" foi proposto pela primeira vez por Rescigno (1988) em relação à utilização na sala de aula de várias tecnologias que floresceram durante os anos oitenta, tais como computadores pessoais, apresentações de vídeo, televisão em circuito fechado e redes. Ao longo dos anos, o significado de uma "*sala de aula inteligente*" evoluiu para refletir os avanços tecnológicos. Recentemente, Micrea et al. (2021) afirmam que uma sala de aula inteligente se baseia em dispositivos de comunicação automatizada e de aprendizagem móvel, tecnologias móveis, projectores de vídeo, sensores, câmaras, algoritmos de reconhecimento facial e outros módulos que controlam diferentes parâmetros do ambiente físico, enquanto Pishiva et al. (2008) afirmam que "*as salas de aula inteligentes integram tecnologias de reconhecimento de voz, visão por computador e outras tecnologias, coletivamente designadas por agentes inteligentes, para proporcionar uma experiência de ensino à distância semelhante à experiência de uma sala de aula tradicional*". Uma tendência clara na evolução do conceito de sala de aula inteligente é atribuída à introdução da Inteligência Artificial (IA) em combinação com tecnologias emergentes sob a forma de computação móvel, interactiva e remota em ambientes físicos e/ou virtuais.

Com base nos mais recentes desenvolvimentos tecnológicos, neste estudo definimos uma sala de aula inteligente como um espaço de aprendizagem integrado que combina inteligência artificial e tecnologias emergentes para oferecer um espaço de aprendizagem inteligente, quer na sala de aula quer à distância (Figura

1.1). As tecnologias emergentes são definidas como as tecnologias mais impactantes e recentes da nossa era (Have et al., 2021). No nosso estudo, centrámonos nas tecnologias emergentes exploradas em ambientes educativos, como a Internet das Coisas (IoT), as tecnologias de realidade virtual/aumentada/mista, a robótica, o metaverso, as plataformas de aprendizagem eletrónica, os ecrãs de alta tecnologia, as ferramentas inteligentes de avaliação do desempenho dos alunos e as pedagogias recentes que incluem os conceitos de sala de aula invertida/virtual.

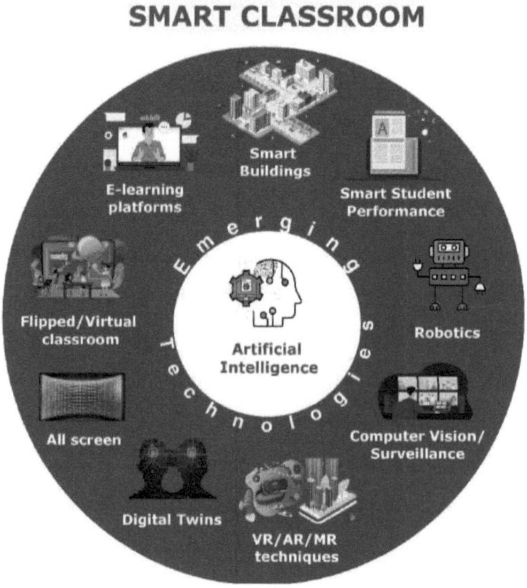

**Figura 1.1**: As principais tecnologias encontradas numa sala de aula inteligente

O termo "*Inteligência Artificial*" (IA) foi mencionado pela primeira vez por John McCarthyin em 1956 e refere-se à capacidade dos sistemas informáticos para realizar tarefas humanas (como aprender e pensar) que frequentemente só podem ser alcançadas através da inteligência humana (Sadiku et al., 2021). A partir da década de 1970, o domínio específico da Inteligência Artificial na Educação (IAED) começou a influenciar a aplicação da tecnologia ao ensino e à aprendizagem, numa tentativa de melhorar o processo de aprendizagem e promover os resultados dos alunos (Southgate et al. 2019). O objetivo da AIED é criar sistemas alimentados por IA, tais como agentes pedagógicos virtuais, robôs de IA e sistemas inteligentes que permitam uma aprendizagem flexível, envolvente e personalizada, bem como automatizar as tarefas diárias de ensino (por exemplo, feedback e avaliação) (AlFarsi et al., 2021). Nos últimos anos, o tema da IA tem sido potenciado pela tecnologia inovadora da aprendizagem profunda (Sejnowski, 2020), que permitiu a aplicação bem sucedida da IA a várias tarefas complexas de aprendizagem automática. Para a introdução da IA no ensino, duas grandes associações, a AAAI (https://aaai.org/) e a CSTA (https://csteachers.org/), apresentaram a sua visão da introdução da IA no ensino sob a forma de "As 5 grandes ideias da IA" (https://ai4k12.org/). As cinco ideias expressas incluem Perceção do mundo com o uso de sensores, representação do conhecimento e raciocínio, aprendizagem sob a forma de inteligência de máquina, interação homem-máquina e impacto social.

É apresentada uma vasta gama de tecnologias de aulas inteligentes que pertencem aos três pilares principais de "Gestão de aulas", "Auxílios ao ensino" e "Avaliação do desempenho", ao mesmo tempo que é dada atenção às aplicações existentes e futuras da IA em aulas inteligentes, permitindo aos leitores obter uma visão relacionada com as oportunidades e os desafios envolvidos na aplicação da IA em aulas inteligentes. Os estudos anteriores relacionados com as aulas inteligentes incluem o trabalho de Saini e Goel (2019), que se centram em tecnologias relacionadas com a preparação e distribuição inteligente de conteúdos, o envolvimento inteligente dos alunos, a avaliação inteligente e o ambiente físico inteligente. Embora este estudo tenha algumas semelhanças com a nossa abordagem, no nosso caso centramos a nossa atenção na utilização da IA em conjunto com tecnologias emergentes num ambiente de aula inteligente. Num inquérito mais recente, Li e Wong (2021) apresentam os domínios de aplicação, as questões de investigação, os participantes na investigação, os dispositivos ou ferramentas de aprendizagem, os ambientes de aprendizagem e as características de aprendizagem, que foram encontrados em 90 estudos relacionados com as salas de aula inteligentes. Ao contrário do presente trabalho, o trabalho de Li e Wong (2021) é dirigido aos educadores, para os ajudar a compreender o seu papel na prática da aprendizagem inteligente. Spector et al. (2014) destacam a importância dos avanços tecnológicos na introdução de abordagens de aprendizagem inovadoras e, portanto, dividem os fundamentos do ambiente de aprendizagem inteligente em três núcleos principais: filosófico, psicológico e tecnológico. Estes campos contribuem para a criação de um ambiente de aprendizagem eficaz, adaptativo e inovador com o objetivo de desenvolver a mentalidade dos estudantes. Além disso, Tabuenca et al. (2021) afirmam que um ambiente de aprendizagem inteligente inclui tanto os estudantes como o educador, uma vez que lhes dá a oportunidade de explorar ferramentas tecnológicas para executar as suas tarefas.

Tendo efectuado uma pesquisa exaustiva na literatura existente, incluindo os artigos mais recentes, verificou-se que a utilização da inteligência artificial em combinação com tecnologias emergentes no contexto da sala de aula inteligente não foi apresentada e analisada de forma exaustiva. A maioria dos investigadores concentra-se numa determinada tecnologia e teoria e desenvolve a sua investigação em torno delas, ao passo que no nosso estudo é apresentado todo o espetro de tecnologias e métodos utilizados na educação. Além disso, estas tecnologias são analisadas em pormenor e também são dadas informações sobre a utilização da IA relativamente à forma como os investigadores podem proceder utilizando estas ferramentas para lidar com os desafios que surgem da IA na educação e encontrar novas perspectivas.

Este livro fornece uma revisão abrangente do trabalho de investigação sobre tecnologias de sala de aula inteligente sob um único guarda-chuva, com foco em tecnologias emergentes e relacionadas com a IA, que visa um público de investigação multidisciplinar que inclui investigadores/desenvolvedores relacionados com tecnologias emergentes, investigadores relacionados com a IA (aprendizagem automática, decisão computacional, processamento de sinais), investigadores em tecnologia educacional e educadores. A Tabela 1.1 fornece informações sobre como os profissionais do público-alvo, de diferentes especializações e origens, podem beneficiar deste livro.

**Tabela 1.1.** Público-alvo.

| Categoria de público-alvo | Benefícios deste livro |
|---|---|
| **Investigadores/desenvolvedores no domínio das tecnologias emergentes** | - Aprender sobre as aplicações actuais e inovadoras das tecnologias emergentes na educação.<br>- Inspire-se nos desafios e nas tendências futuras das tecnologias emergentes nos ambientes de aprendizagem contemporâneos. |
| **Investigadores/desenvolvedores Investigadores relacionados com a IA (aprendizagem automática, decisão por computador, processamento de sinais)** | - Saiba mais sobre a utilização atual de aplicações educativas de IA.<br>- Saiba mais sobre as possibilidades futuras de aplicar a IA em combinação com tecnologias emergentes para acelerar a inovação na educação. |
| **Investigadores em tecnologia educativa** | - Identificar as lacunas de investigação relacionadas com a tecnologia educativa.<br>- Sugerir direcções futuras para a investigação na área da tecnologia educativa. |
| **Educadores** | - Informe-se sobre as últimas tendências da tecnologia educativa em aulas inteligentes.<br>- Compreender melhor a utilização de tecnologias inovadoras, considerá-las como uma ferramenta poderosa e, assim, ser capaz de aplicar abordagens contemporâneas nas suas práticas de ensino. |

As principais contribuições deste livro incluem:

• Análise das tecnologias mais recentes e discussão de direcções futuras que poderão apoiar a criação de uma sala de aula inteligente da próxima geração.

• Apresentação das novas oportunidades que uma sala de aula inteligente da próxima geração pode proporcionar, juntamente com uma discussão sobre as vantagens, desvantagens e limitações mais significativas das actuais tecnologias de sala de aula inteligente.

- Compreender a utilização da IA em ligação com as tecnologias utilizadas numa sala de aula inteligente, permitindo aos leitores familiarizarem-se com a utilização da IA na maioria dos aspectos de um processo educativo inteligente.

Na parte restante do livro, apresentamos uma revisão da literatura sobre estudos relacionados com as aulas inteligentes e a IA na educação, apresentamos as tecnologias das salas de aula inteligentes relacionadas com a gestão da sala de aula, os materiais didácticos e a avaliação do desempenho. Na secção 4, descrevemos as vantagens e desvantagens das tecnologias de sala de aula inteligente. Na Secção 5, analisamos o papel da IA nas aulas inteligentes, seguido de um debate e de possíveis direcções de investigação futuras relacionadas com as aulas inteligentes.

# Capítulo 2 : Estudos relacionados

Nesta secção, são discutidos artigos relacionados que se centram nas aulas inteligentes e na IA na educação.

## 2.1 Classes inteligentes

Estudos anteriores sobre as salas de aula inteligentes contribuíram para uma melhor compreensão do impacto da tecnologia no ensino e na aprendizagem e dos factores relacionados com a aceitação e a aplicação das tecnologias da informação por parte de educadores e estudantes. No entanto, na maioria dos casos, os estudos existentes sobre a tecnologia das salas de aula inteligentes centram-se numa única perspetiva e não fornecem uma análise holística da vasta gama de tecnologias adotadas nas salas de aula inteligentes. Por exemplo, Leon et al. (2017) exploraram apenas a conceção e o desenvolvimento de um sistema de interação para ser implementado numa sala de aula inteligente. O sistema proposto utiliza diferentes estratégias de interação baseadas no toque, no gesto e no gesto em superfícies interactivas. Gallagher e Sixsmith (2014) tentaram perceber especificamente como é que os alunos de licenciatura em TI podem ser envolvidos em conteúdos não relacionados com TI, adoptando um sistema de informação de eLearning na sala de aula. Raman et al. (2014) investigaram os fatores particulares que estão relacionados com a aceitação da tecnologia no smart board entre os educadores; os smart boards foram também o foco de uma investigação conduzida por Martin, Shaw e Daughenbaugh (2014), que exploraram a sua utilização em salas de aula do ensino básico. Zhang et al. (2019) analisaram os inquéritos existentes sobre a integração da avaliação, da pedagogia e da tecnologia numa sala de aula inteligente.

Embora os estudos de investigação acima referidos sejam importantes para compreender os principais conceitos relacionados com as salas de aula inteligentes, não fornecem uma visão holística de todas as tecnologias envolvidas nas salas de aula inteligentes. Por conseguinte, é essencial discutir esses estudos sob um único ponto de vista, que é o objetivo do presente capítulo. Num estudo mais recente, Li e Wong (2021) analisaram os domínios de aplicação, as questões de investigação, os participantes na investigação, os dispositivos ou ferramentas de aprendizagem, os ambientes de aprendizagem e as características de aprendizagem, que foram encontrados em 90 estudos relacionados com as salas de aula inteligentes. O estudo de Li e Wong (2021) dirige-se aos educadores, para os ajudar a compreender o seu papel na prática da aprendizagem inteligente e na utilização de tecnologias de aprendizagem inteligentes, permitindo-lhes fazer face às necessidades dos alunos. Consequentemente, no inquérito, Li e Wong apresentam apenas os padrões e as tendências das práticas de aprendizagem inteligente, em termos de aspectos como o dispositivo ou a ferramenta, o ambiente de aprendizagem e o objetivo. Em contrapartida, o presente inquérito visa esclarecer como a eficácia da sala de aula inteligente pode ser maximizada através da utilização de tecnologias de aprendizagem inteligente que combinam o ensino em linha e presencial, permitindo aos leitores encontrar melhores soluções para a sala de aula inteligente.

Num estudo abrangente sobre salas de aula inteligentes, Saini e Goel (2019) centram-se em tecnologias relacionadas com a preparação e distribuição inteligente de conteúdos, a participação inteligente dos alunos, a avaliação inteligente e o ambiente físico inteligente. Para cada pilar, Saini e Goel (2019) apresentam uma análise das diferentes tecnologias e técnicas utilizadas numa sala de aula inteligente e fornecem recomendações para futuras direcções de investigação. Embora esta pesquisa tenha algumas semelhanças com a nossa abordagem para a apresentação de conceitos relacionados com as aulas inteligentes, no nosso caso centramos a nossa atenção na utilização de tecnologias emergentes em conjunto com a inteligência artificial em aulas inteligentes. Além disso, quando comparado com o artigo de Saini e Goel (2019), neste capítulo é apresentado um leque mais alargado de tecnologias inteligentes.

## 2.2 Inteligência Artificial na Educação

Por volta da década de 1960, a Inteligência Artificial (IA) era um domínio relativamente novo e emergente, e as suas aplicações na educação eram limitadas. No entanto, houve alguns exemplos notáveis de aplicações iniciais de IA no domínio da educação durante esse período. Uma das primeiras aplicações de IA na educação foi o programa "Logic Theorist" desenvolvido por Allen Newell e Herbert A. Simon na RAND Corporation em 1955. O programa foi concebido para provar teoremas matemáticos através da geração de inferências lógicas e foi utilizado para demonstrar o poder da IA para automatizar tarefas intelectuais. Outra aplicação precoce da IA na educação foi o programa "STUDENT" desenvolvido por Daniel Bobrow no MIT na década de 1960. O programa utilizava o processamento de linguagem natural para ajudar os alunos a resolver problemas de álgebra. Para além destes primeiros exemplos, os investigadores da década de 1960 também exploraram o potencial da IA para desenvolver sistemas de tutoria inteligentes, sistemas de ensino baseados em computador e outras tecnologias educativas. Embora a tecnologia estivesse ainda na sua fase inicial, estas primeiras aplicações lançaram as bases para o desenvolvimento de aplicações de IA mais sofisticadas no domínio da educação nas décadas seguintes (Doroudi, 2022; Finn, 1960; Papert, 1980).

Atualmente, estão a ser feitos muitos esforços para incorporar a IA no ensino e na aprendizagem (Kim e Kim, 2022). O tema da IA e da educação também ganhou interesse na comunidade científica. O número de artigos está a aumentar desde 2008 (Jordan e Mitchell, 2015) e, de acordo com Bozkurt et al. (2021), em 2018 e 2019, há um aumento acentuado do número de publicações sobre IA na educação. A IA pode ser utilizada na educação de várias formas. Chatbots que interagem com os alunos (Deveci Topal et al., 2021), software educativo para domínios específicos (por exemplo, Mathia para a matemática), sistemas de tutoria inteligentes (ITS), sistemas de tutoria baseados no diálogo (por exemplo, Chatbots que interagem com os alunos (Deveci Topal et al., 2021), ambientes de aprendizagem explicativos (ELE) e sistemas de gestão da aprendizagem (LMS). Além disso, têm sido utilizadas aplicações de IA para captar e analisar os comportamentos, as emoções, os gestos e as expressões dos alunos durante o processo educativo. A natureza adaptativa de tal sistema é que ele frequentemente utiliza sinais de emoção/comportamento em tempo real ligados ao envolvimento do aluno para ajustar a estratégia de ensino e tenta imitar educadores humanos (Behera et al., 2020). Neste campo de estudo em desenvolvimento, existem vários trabalhos que abordam estas questões. Alguns exemplos são o clima (positivo ou negativo) numa sala de aula com observação automatizada (Ramakrishnan et al., 2019) ou a recolha de pistas não verbais de participantes de salas de aula online (Shingjergji et al., 2021).

Numa revisão da literatura, Chen, Chen e Lin (2020) afirmam que a IA tem sido amplamente utilizada na educação sob diferentes formas. Mais precisamente, a IA foi utilizada sob a forma de programas de computador; eventualmente, a IA transitou para a utilização de robôs humanóides e chatbots baseados na Web, que auxiliavam o ensino. Além disso, estão a ser utilizadas plataformas que facilitam o trabalho administrativo dos educadores e a comunicação com os alunos. Chen, Chen e Lin

(2020) concluem que a IA pode melhorar a experiência dos alunos e aumentar a qualidade da aprendizagem. Apesar de apresentarem um vasto leque de literatura, a nossa investigação centra-se mais nas diferentes tecnologias utilizadas nas aulas e nos princípios que as orientam. Outra revisão da literatura foi realizada por Roll e Wylie (2016), que encontraram um foco de investigação na utilização da IA na construção de "salas de aula mais rápidas" e na obtenção de ganhos de aprendizagem semelhantes num período de tempo reduzido. O presente documento centra-se apenas nas tecnologias utilizadas para encurtar a duração da aprendizagem.

Hwang et al. (2020), num estudo teórico, destacam a utilização da IA na educação. Eles postulam que a IA pode servir como um tutor inteligente, um tutor inteligente, uma ferramenta de aprendizagem eficiente e um sábio consultor de formulação de políticas. Assim, os autores sugerem que a IA pode ser utilizada para assistência e orientação personalizadas, tanto para educadores como para estudantes. Quando comparado com Hwang et al. (2020), o foco desta revisão da literatura é mais aprofundado no conceito de IA como tutor e sistema de apoio ao desempenho, sendo também apresentadas as desvantagens e os desafios da IA na educação. Chen et al. (2022), na sua revisão da literatura, indicam a utilidade da IA na educação, que pode ser utilizada sob a forma de sistemas de tutoria inteligente para a educação especial, processamento de linguagem natural, robôs educativos, previsão do desempenho, análise do discurso, avaliação do ensino, deteção das emoções do aluno e aprendizagem personalizada. Apesar do facto de Chen et al. (2022) apresentarem uma grande variedade de literatura, concentram-se apenas em mostrar resultados estatísticos e não em aprofundar estas questões.

Ocaña-Fernández, et al. (2019) afirmam que a IA pode proporcionar aos alunos uma aprendizagem personalizada, o que é importante para seu aprimoramento. Assim, de acordo com os autores, o que resta às universidades é projetar programas para melhor capacitar os educadores a desenvolver seu ambiente tecnológico de acordo com suas necessidades. Por outro lado, Chen et al. (2020), em sua revisão de literatura, destacam que, embora as tecnologias tradicionais de IA, por exemplo, o processamento de linguagem, tenham sido amplamente utilizadas na educação, as tecnologias mais avançadas não são tão frequentes. Por esta razão, os autores sugerem que é essencial mais investigação, com o objetivo de clarificar melhor o potencial da utilização da IA em contextos escolares e a sua relação com os resultados de aprendizagem dos alunos. Da mesma forma, Renz e Hilbig (2020) acreditam que é necessária mais investigação sobre o potencial da Learning Analytics (LA) e da inteligência artificial, a fim de desenvolver percursos educativos dinâmicos nas escolas. Através do nosso estudo, também especificamos a necessidade da IA e a sua importância para a educação e a gestão do processo de aprendizagem.

Ikedinachi et al. (2019), em um artigo teórico, questionam a utilização da IA na educação, com base na noção de que os benefícios da IA são infundados, enquanto surgem questões de longo prazo sobre a relevância dos educadores e do ensino na moderna forma de educação da IA. Com base na teoria marxiana da alienação (Cox 1998), os autores criticam os esforços para apresentar a IA como a panaceia para todos os problemas educativos e apelam aos académicos para que pesquisem melhor os problemas relacionados com a aplicação da IA na educação. Para lidar com estas questões, no nosso estudo apresentamos os benefícios da utilização da IA na educação, mas também aprofundamos as ameaças e os perigos destas tecnologias e o seu impacto tanto nos estudantes como nos educadores. Em contrapartida, Holmes, Bialik e Fadel (2019) são defensores da IA e acreditam que o único problema na educação é o que os educadores ensinam e como o ensinam. Assim, ao introduzir a IA na educação, os educadores podem ensinar melhor o que ensinam. Do mesmo modo, McArthur et al. (2005) respondem aos opositores da IA afirmando que a IA e os sistemas baseados no conhecimento não programarão os estudantes para se comportarem de acordo com um procedimento rígido nem assumirão que existe apenas uma resposta correcta. Em contrapartida, os sistemas inteligentes não fingirão que sabem tudo e não substituirão o educador.

# Capítulo 3: Tecnologias inteligentes para salas de aula

Nesta secção, são apresentadas as principais tecnologias relacionadas com as aulas inteligentes, sendo dado destaque ao papel da IA nas tecnologias descritas. Os principais tópicos apresentados estão divididos em três categorias principais, que se referem a tecnologias relacionadas com a gestão eficaz das aulas que melhoram a conveniência dos ambientes de sala de aula, a utilização de materiais didácticos durante o processo educativo e a utilização de tecnologias de avaliação do desempenho. Uma taxonomia indicativa das tecnologias apresentadas é apresentada na Tabela 3.1.

**Tabela 3.1:** Taxonomia das tecnologias de sala de aula inteligente apresentadas.

| Gestão da sala de aula | Material didático | Avaliação do desempenho |
|---|---|---|
| Ambiente inteligente<br>Gestão de assiduidade<br>Vigilância/Segurança | Robótica<br>Linguagem natural<br>Modelos/Modelos de IA generativa<br>Virtual/Aumentado/Misto Realidade<br>Plataformas de e-learning<br>Todo o ecrã<br>Invertido/Virtual/Remoto Sala de aula<br>Gémeos digitais | Avaliação/previsão do desempenho dos alunos<br>Desempenho do educador<br>Avaliação |

## 3.1 Gestão da sala de aula

O termo gestão da sala de aula refere-se à forma ou abordagem que o educador utiliza para controlar/gerir a sua sala de aula. Neste âmbito, a gestão tem como objetivo manter um ambiente de ensino confortável e seguro que contribua para a eficácia da aula. Por exemplo, um sistema inteligente de gestão da sala de aula pode permitir ao educador decidir quando falar mais alto quando os alunos perdem o interesse ou o nível de concentração diminui (Rytivaara, 2012) ou controlar o acesso dos alunos à sala de aula. Em relação às tecnologias de gestão da sala de aula, neste inquérito centramo-nos nas questões do ambiente inteligente, da gestão da assiduidade e da vigilância/segurança.

### 3.1.1 Ambiente inteligente

Uma classe inteligente pode ser considerada como um tipo específico de um ambiente inteligente. De acordo com Diedrich et al. (2017), os ambientes inteligentes são caracterizados como sistemas inteligentes ubíquos e interactivos integrados no ambiente físico. Augusto et al. (2013) apresenta outra definição para o ambiente inteligente, definindo-o como um ambiente autónomo que utiliza quaisquer aspectos da inteligência artificial, como robôs, e que gera funcionalidades completas e precisas que melhoram a vida humana.

O termo "inteligente" envolve a aplicação de inteligência artificial, enquanto "ambiente" designa o espaço físico (qualquer espaço no nosso ambiente, como edifícios ou residências). Neste sentido, os edifícios inteligentes são descritos como estruturas completas que utilizam os recursos tecnológicos existentes e a IA para produzir um ambiente seguro, funcional e amigável que utiliza os recursos de forma sensata e económica (Dryjanski et al., 2020). Estes edifícios são frequentemente equipados com equipamento informático inter-relacionado, incluindo detectores, algoritmos e interfaces electrónicas para acompanhar os processos de construção inteligente e adquirir, avaliar e gerar dados para melhorar o desempenho do edifício, bem como a proteção e a conveniência dos seus residentes (Taha & Elabd, 2021). Os edifícios inteligentes proporcionam inúmeras vantagens tanto para os utilizadores como para o ecossistema, uma vez que a utilização de tecnologias inteligentes permite reduzir o consumo de energia, diminuir as despesas de reparação, permitir actividades em tempo real, prever problemas antecipadamente, controlar dispositivos em tempo real e melhorar os efeitos ambientais (Yang et al.,

2021). Todas estas variáveis se combinam para criar locais agradáveis, seguros e amigos do ambiente.

A tecnologia de sensores, a Internet das Coisas (IoT), as telecomunicações externas e a tecnologia de software para smartphones são normalmente utilizadas para alimentar tecnologias avançadas em salas de aula inteligentes (Wu et al., 2020). As tecnologias IoT podem oferecer oportunidades sem paralelo aos estudantes, melhorando as suas vidas e o seu progresso. A IoT emprega sensores, redes, grandes volumes de dados e tecnologia de inteligência artificial para fornecer sistemas de serviços perfeitos (Abdel-Basset et al. 2008). Bayani & Quesada (2017) propuseram um sistema inteligente e eficiente de chamada por cabo na sala de aula (SCRCS - Smart Classroom Roll Caller System) utilizando a arquitetura da IoT para recolher ou registar a assiduidade dos alunos após cada período de forma precisa e atempada. As etiquetas RFID (identificação por radiofrequência) estão associadas aos cartões de identificação dos alunos. O SCRCS pode ser instalado em qualquer sala de aula e ler coletivamente os cartões de identificação dos alunos. Mostra não só a participação total no ecrã LED no início de qualquer aula, mas também a identidade de todos os cartões de identificação em várias ranhuras do SCRCS (Bayani & Quesada, 2017).

Os edifícios inteligentes utilizam uma série de sensores que estão normalmente ligados a um sistema mais vasto, o que lhes permite recolher dados sensíveis que são utilizados para compreender as circunstâncias do mundo real e reagir em conformidade, tomando medidas inteligentes (Wolter et al., 2017). A capacidade das tecnologias de IA para prever e identificar padrões é uma caraterística crucial; como resultado, podem ser flexíveis e lidar com hábitos humanos complicados e satisfazer as suas exigências únicas, combinando dados oferecidos por dispositivos IoT (Norman, 2007). Outro aspeto importante é a capacidade de reduzir drasticamente os custos através da automatização e da otimização dos procedimentos, utilizando, por exemplo, informações sobre a arquitetura do edifício, o abastecimento de água e de energia (Butner et al., 2019).

A IA é crucial para a criação e implementação de aplicações informáticas capazes de controlar actividades e operações urbanas específicas. A IA poderia ser utilizada para simular e automatizar a criação de leis de zonamento, regulamentos de construção e planícies aluviais, em combinação com a realidade aumentada e virtual (RA e RV). Dados em tempo real de toda a cidade sobre energia, consumo e disponibilidade de água, fluxos de tráfego, fluxo de pessoas e condições meteorológicas poderiam criar um "painel de instrumentos urbano" para otimizar a sustentabilidade urbana. Considera-se que os aumentos de eficiência são valiosos do ponto de vista ambiental e social para os ambientes inteligentes. Por todas estas razões, a utilização da IA em ambientes inteligentes é essencial para alcançar uma elevada eficiência e automatização (Inclezan et al., 2017).

### 3.1.2 Visão computacional/vigilância

As técnicas de Visão Computacional na sala de aula inteligente são frequentemente utilizadas para ajudar os educadores através da análise de vídeos e imagens dos alunos como forma de adquirir informações importantes sobre os alunos, auxiliando assim o processo de supervisão da turma durante o processo de ensino-aprendizagem. Neste sentido, o processamento automático de imagens e a utilização de câmaras contribuíram para que os computadores compreendessem e interpretassem a informação visual proveniente de sequências de vídeo e imagens estáticas (Radlak et al., 2015, Bebis et al., 2003), de forma a extrair informações importantes que permitem aos educadores obter feedback em tempo real para cada aluno ou para toda a turma (Rashmi & Ashwin, 2020). Nos sub-sectores seguintes, são apresentados trabalhos relacionados com as tarefas de Registo de Presenças e Reconhecimento de Acções (Comportamentos) aplicados quer em sala de aula quer em sessões de teleconferência.

### 3.1.3 Reconhecimento de assiduidade

Normalmente, a assiduidade é registada pelos educadores com base no processo moroso de anotar quem está presente ou não na sala de aula. O reconhecimento facial pode ser utilizado para implementar sistemas inovadores de assiduidade em salas de aula inteligentes que registam automaticamente a presença dos alunos nas aulas (Kawaguchi, 2005). Um sistema de assiduidade automatizado pode proporcionar certas vantagens, como a redução da carga de trabalho administrativo dos seus funcionários (Lukas, 2016) e a minimização do tempo de ensino perdido para registar as presenças. A presença dos alunos nas aulas é fundamental para avaliar o seu desempenho académico.

Vários investigadores abordaram o problema da utilização da IA sob a forma de algoritmos de visão computacional para o registo automático da assiduidade dos estudantes. Chowdhury et al. (2020) propuseram um sistema de registo automático da assiduidade dos alunos baseado no reconhecimento facial utilizando Redes Neuronais Convolucionais (CNN's). O sistema proposto consegue detetar e reconhecer vários alunos a partir de um fluxo de vídeo em tempo real obtido por uma câmara estática localizada numa sala de aula e regista automaticamente a assiduidade diária. Em vez de utilizar uma câmara estática, Mery et al. (2019) descrevem um sistema automatizado de assiduidade dos alunos baseado na aprendizagem profunda utilizado em salas de aula lotadas (70 alunos), em que as imagens da sessão são captadas por uma câmara de smartphone. Foram avaliados dez algoritmos de reconhecimento facial e o sistema proposto conseguiu detetar os rostos dos alunos na(s) imagem(ns) e registar a presença na aula. Chintalapati e Raghunadh (2013) sugeriram um sistema automatizado de gestão da assiduidade baseado em algoritmos de deteção e reconhecimento facial para detetar os alunos que estão a entrar na sala de aula. Em vez de utilizar uma câmara estática ou móvel, Gupta et al. (2008) apresentaram um sistema de gestão da assiduidade na sala de aula baseado na visão por computador, que utiliza uma câmara rotativa para captar imagens dos alunos e uma técnica de deteção de rostos com margem máxima para detetar os rostos dos alunos. Esta técnica é treinada com a utilização de uma rede neural convolucional (CNN) Inception-V3 que identifica os alunos.

### 3.1.4 Reconhecimento de acções (comportamentos)

O reconhecimento da ação humana é uma técnica baseada na visão que pode identificar uma ação completa realizada por um ser humano numa sequência de vídeo (Kong et al., 2018). Neste contexto, as acções podem ser definidas como uma sequência contínua de movimentos que conduzem a um movimento específico, como caminhar, ler um livro ou conversar. O reconhecimento de acções é considerado um problema de classificação, o que significa que a ação deve ser identificada como um tipo específico de movimento ou atividade e rotulada em conformidade. Os investigadores utilizam diferentes tipos de taxonomia para o reconhecimento de acções com base, por exemplo, no reconhecimento do movimento, da atividade e da ação ou na forma como uma ação começa, é traçada, como a pose é estimada e finalmente reconhecida (Poppe 2010). O reconhecimento de acções não se limita apenas aos movimentos do corpo, mas estende-se também às expressões faciais.

A capacidade de reconhecer o comportamento humano pode ser extremamente importante numa sala de aula inteligente (Wang, 2021). O reconhecimento das acções dos alunos é uma técnica frequentemente utilizada para analisar o comportamento dos alunos. Estes sistemas podem reconhecer qualquer diferença no comportamento dos alunos e nas suas emoções, se se sentem desconfortáveis ou não, se sentem ansiedade e comunicam estes resultados aos educadores, a fim de prestar assistência adicional a estes alunos e evitar acontecimentos indesejados dentro da sala de aula. Além disso, os sistemas de reconhecimento de acções podem analisar o comportamento dos alunos durante o curso e estimar o seu empenho (Thomas e Jayagopi, 2017). Estes sistemas podem identificar se os alunos estão activos ou não através dos movimentos dos olhos, do rosto e da posição da cabeça e dar feedback aos educadores em conformidade. O reconhecimento automático de acções também ajuda os alunos com necessidades especiais, monitorizando-os e alertando os educadores para potenciais episódios, por exemplo, no caso de terem um episódio de epilepsia (Lau et al., 2014).

Recentemente, os métodos automatizados para a análise do comportamento dos alunos e a estimativa do seu envolvimento são amplamente utilizados numa sala de aula. Anh et al. (2019), apresentaram um sistema que utiliza técnicas de visão computacional para monitorizar o comportamento dos alunos na sala de aula.

Inicialmente, foram utilizadas várias técnicas de visão computacional, como a incorporação de rostos, a estimativa do olhar, a deteção de rostos e a deteção de marcas faciais para o processamento de dados. Do mesmo modo, Thomas e Jayagopi (2017) utilizaram um algoritmo de aprendizagem automática para analisar o envolvimento dos alunos numa sala de aula. Em particular, este estudo procurou analisar a posição da cabeça dos alunos, a direção do olhar e as expressões faciais. Além disso, Yang e Chen (2011) apresentaram um sistema automático de aulas inteligentes que se centrava na deteção de olhos e rostos para determinar se os alunos estavam activos ou não.

Estudos anteriores relacionados com o reconhecimento da ação dos alunos na sala de aula inteligente incluem o trabalho de Li et al. (2019), que propuseram uma nova base de dados de ações espontâneas. A sala de aula inteligente, neste estudo, incluiu mesas redondas para os alunos e quatro câmaras, que foram fixadas na parede (frente e verso da sala de aula), para gravar as ações dos alunos de vários pontos de vista. Para avaliar o modelo proposto, foram testados quatro algoritmos: IDT (Improved Dense Trajectory) utilizado com Support Vetor Machines (SVM) e KNN e CNN implementado com VGG-16 e Inception V3. Recentemente, Dimitriadou e Lanitis (2022) propuseram um sistema de reconhecimento de acções que reconhece sete acções realizadas por estudantes que frequentam cursos online, as quais são reconhecidas utilizando arquitecturas CNN. Os resultados experimentais indicaram que o sistema de reconhecimento de acções proposto fornece resultados de classificação promissores, quando se trata de novas instâncias de alunos previamente matriculados ou quando se trata de alunos não vistos anteriormente.

Ashwin e Guddeti (2019), demonstraram uma rede neural convolucional híbrida para analisar as posturas corporais, os gestos e as expressões faciais dos alunos para investigar o envolvimento. Foram examinados três estados de envolvimento dos alunos: tédio, envolvimento e neutralidade. Rashmi e Ashwin (2021) propuseram um sistema automático que monitoriza as actividades dos alunos em tempo real num laboratório de computadores de um campus inteligente. O objetivo deste estudo é localizar e reconhecer múltiplas acções dos estudantes num quadro de imagem capturado por uma câmara CCTV. O conjunto de dados das acções dos alunos inclui as acções de dormir, comer, utilizar o telemóvel, discutir e estar envolvido. A estrutura YOLOv3 foi utilizada para a deteção de objectos e o reconhecimento das acções dos alunos.

Bian et al. (2019), desenvolveram uma base de dados para uma Aprendizagem Espontânea Facial em Linha

Expression (OL-SFED) relativamente à inferência automática de emoções académicas. Esta base de dados OLSFED incluía cinco emoções académicas: confusão, emoção neutra, distração, fadiga e prazer. A OL-SFED incluía vídeos e imagens faciais captados por uma câmara Web durante cursos em linha. Os algoritmos de expressão facial para a previsão das emoções consistiram num algoritmo VGG16 e em diferentes arquitecturas CNN, juntamente com técnicas de aumento de dados. De acordo com os resultados, a CNN que utiliza técnicas de aumento de dados obteve o melhor desempenho com uma precisão de reconhecimento de emoções de 91,6%.

Podem ser utilizadas tecnologias semelhantes para reconhecer as acções dos estudantes nos pátios das escolas. Por exemplo, ações suspeitas, como brigas de estudantes, entrega de drogas e incidentes de bullying, podem ser detectadas automaticamente, permitindo a prevenção de lesões à saúde física e mental dos estudantes. Ye (2018) sugeriu uma estratégia para identificar ocorrências de abuso no ambiente da escola utilizando sensores de movimento e áudio para avaliar atividades e expressão verbal. Gutierrez et al. (2014) descrevem um simulador denominado SimBully para ilustrar o impacto das crenças e atitudes públicas nas ocorrências de abuso por colegas de classe. Ali et al. (2020) realizaram uma investigação na SUST (Universidade de Ciência e Tecnologia de Shaanxi) utilizando o YOLOv3 para reconhecer os comportamentos dos estudantes, como telefonar, dormir a sesta ou ler um livro no interior ou no exterior, com o objetivo de descobrir quaisquer comportamentos indesejáveis. Mais especificamente, previram os seus movimentos monitorizando as posturas dos alunos, juntamente com a sua atitude e envolvimento com os objectos, com base em imagens estáticas, em vez de utilizarem vídeos. Noutro estudo, Fjrtoft (2009) investigou a frequência com que as crianças praticam exercício físico, registando os seus batimentos cardíacos e seguindo a sua posição através de GPS.

## 3.2 Material didático

Numa sala de aula inteligente moderna, o processo de ensino é assistido por uma infinidade de meios tecnológicos, para maximizar o envolvimento e a interação dos alunos. Para este fim, estão a ser utilizados diferentes tipos de tecnologia sob a forma de robótica, realidade virtual/aumentada, plataformas de e-learning, técnicas de visualização e tecnologias de sala de aula invertida. Nesta secção, apresentamos uma visão geral destas tecnologias.

### *3.2.1 Robótica*

A robótica pode desempenhar um papel importante como componente-chave em ambientes de aprendizagem inteligentes.

Os robôs utilizados na educação podem ser dispositivos "reais" (Shiomi et al., 2015; Weibel et al., 2020), ou podem ser agentes de software, principalmente sob a forma de chatbots (Pereira e Juanan, 2016; Kollia et al., 2016).

### *3.2.1.1 Robôs ' reais*

Um verdadeiro robô é um dispositivo que pode executar acções normalmente realizadas por seres humanos. Desde a introdução do primeiro robô em 1980 (Johal et al., 2018), foram apresentados vários robôs educativos semelhantes a animais ou a seres humanos para se adaptarem a diferentes níveis de ensino. Os robôs educativos constituem um subgrupo da tecnologia educativa, uma vez que são utilizados para facilitar a aprendizagem, melhorar o desempenho educativo dos alunos (Mubin et al., 2013) e ajudá-los a participar ativamente no processo de resolução de problemas. Os robôs educativos são normalmente programados para demonstrar o conteúdo de uma disciplina de forma interactiva e para permitir que os alunos façam perguntas às quais o robô responde. A principal força motriz da introdução de robôs no processo de aprendizagem é a criação de sistemas que ofereçam uma maior interação social que se adapte às nossas predisposições biológicas para melhorar e apoiar a aprendizagem (Timms et al., 2016).

Os alunos aceitam e estabelecem relações com os robôs com muito mais facilidade devido à sua interação, que demonstrou melhorar o desenvolvimento psicossocial e físico (Feil-Seifer, 2009), bem como à sua capacidade de interagir, o que melhora o processo de aprendizagem, torna-o mais estimulante e ajuda os alunos a adquirir mais conhecimentos (Han, 2005). Os robôs sociais, especificamente, têm sido bem sucedidos na assistência a crianças com autismo na compreensão de conceitos como os limites entre indivíduos e a intimidade emocional e na melhoria das capacidades de aprendizagem autónoma (Woo, 2021). Os robôs podem familiarizar-se com as necessidades pessoais de cada aluno e responder em conformidade (Jones et al., 2018). Outra caraterística importante dos robôs é a sua capacidade de registar as expressões e as mudanças de humor dos alunos. Os robôs não só ajudam os alunos durante os seus cursos, como também avaliam antecipadamente o seu comportamento e quaisquer perturbações emocionais que possam sugerir desespero ou stress (Werner-Seidler, 2017).

Os exemplos de robôs educativos utilizados ao longo dos anos estão resumidos na Tabela 3.2. Um dos primeiros robôs introduzidos nas salas de aula foi a tartaruga Logo criada por Papert (Johal et. al., 2018). Logo é uma linguagem de programação desenvolvida por Papert e seus colegas com a intenção de introduzir os alunos na programação e tornar a matemática mais fácil de entender. O robô assemelhava-se a uma tartaruga devido à sua forma redonda e tinha as rodas necessárias para o seu movimento, enquanto uma caneta estava também fixada no seu centro para criar desenhos com base em movimentos programados (ver Figura 3.1).

**Figura 3.1** : S. Papert e a sua criação Logo tartaruga.
(Fonte: https://news.elearninginside.com/seymour-papert-logo-turtles-and-the
origin-of-educational-robots/.)

**Quadro 3.2** : Exemplos de robots educativos utilizados ao longo dos anos.

| Ano | Nome do robô | Aparência | Principais capacidades | Referência |
|---|---|---|---|---|
| 1980 | Logótipo Tartaruga | Tipo animal (tartaruga) | Andar, desenhar | Johal et al., 2018 |
| 2000 | Asimo | Robô humanoide | Andar, falar, ver | Okita et al., 2009 |
| 2001 | Robovie | Humanoide robot | Ver, ouvir, falar | Ishiguro et al., 2001 |
| 2004 | Não | Humanoide robot | Andar, dançar, falar, ver | Loos, 2015 e Kennedy et al. 2015 |
| 2006 | PaPeRo | Semi Humanoide | Falar, ver, andar | Osada et al., 2006 |
| 2006 | Maggie | Semi Humanoide | Falar, ver, dançar | Salichs, Miguel A., et al., 2006 |
| 2007 | Tiro | Humanoide | Andar, falar, ver, dançar | Han et al., 2009 |
| 2009 | Saya | Semi Humanoide | Falar, ver | Hashimoto et al., 2011 |
| 2020 | AV1 | Tipo humano | Falar, ver | Weibel, Mette, et al., 2020 |
| 2020 | ZenoBot | Tipo humano | Falar, ver | Pham, Tuan V., et al., 2020 |

| Vários anos | Animal de estimação Robôs | Animal like | Falar, dançar, ver | Causo, Albert, et al., 2016 |
| --- | --- | --- | --- | --- |

O Asimo é um robô humanoide criado pela Honda e tem sido utilizado por escolas para fins de aprendizagem (Okita et al., 2009). Está equipado com câmaras e microfones que lhe permitem efetuar o reconhecimento facial e de voz e tem a capacidade de mover objectos. No sector da educação, tem sido utilizado como assistente das crianças, tanto na aprendizagem como na comunicação (ver Figura 3.2).

Figura *3.2* : Robô Asimo

(Fonte : https://global.honda/innovation/robotics/ASIMO/history.html )

O Robovie é um robô tele-operado que se assemelha a um ser humano e é capaz de responder às questões científicas dos alunos (Ishiguro et al., 2001). Uma vez que o robô era tele-operado, podia iniciar discussões sobre tópicos da aula e, assim, levar as crianças a fazer perguntas sobre ciência. O estudo indicou que, de facto, algumas crianças tinham maior curiosidade em interagir com o Robovie, fazendo-lhe perguntas sobre ciência, embora não toda a turma. A caraterística distintiva do Robovie é o seu sistema de comunicação, enquanto os seus sistemas de deteção permitem o desenvolvimento de acções semelhantes às humanas. O Robovie R3 é a versão mais recente utilizada e tem muitas funcionalidades adicionais em relação à versão original, incluindo conversação, jogos e abraços (You, 2006) (ver Figura 3.3).

**Figura 3.3** : Robovie (esquerda) e Robovie R3 (direita).

(Fonte : https://www.researchgate.net/figure/Humanoid-robots-Robovie-and-ASIMO_fig3_3450622).

O Nao é um robô semelhante a um ser humano introduzido pela Aldebaran Robotics e tem quase todas as características de um corpo humano, exceto o tamanho (ver Figura 3.4). Uma das suas primeiras utilizações foi ajudar os alunos a escrever as letras do alfabeto, o que foi conseguido mudando os papéis e motivando os alunos a ensinar o robô a escrever essas letras (Loos, 2015). Num estudo realizado por Kennedy et al. (2015), os alunos utilizaram um ecrã tátil para compreender os números primos e o robô conseguiu identificar os seus movimentos a partir do feedback que recebeu do ecrã. Um grande número de robôs Nao tem sido utilizado por escolas e universidades em todo o mundo para fins educativos. Atualmente, são utilizados sobretudo para ajudar os alunos a programar e também têm sido utilizados para ajudar alunos com autismo.

**Figura 3.4:** Robô humanoide Nao.
(Fonte: https://en.wikipedia.org/wiki/Nao_(robot).)

O PaPeRo é um robô semi-humanoide, equipado com câmaras, microfones e sensores. (Osada, 2006). Pode deslocar-se, interagir e comunicar com os outros e ligar-se ao Wi-Fi para procurar informações e responder a perguntas (ver Figura 3.5).

**Figura 3.5:** PaPeRo.

(Fonte: https://www.roboticstoday.com/robots/papero-r500. )

A Maggie é uma plataforma robótica criada pelo RoboticsLab como um robô social (Salichs, 2006). É utilizada principalmente para fins de comunicação, uma vez que também pode falar em espanhol e tem a capacidade de dançar com as pessoas (ver Figura 3.6).

**Figura 3.6:** Maggie (Fonte: https://robots.ros.org/maggie/.)

O Tiro é um robô semi-humanoide utilizado para fins educativos como assistente de ensino. Em particular, apresenta e discute o conteúdo educativo, permitindo ao educador ajudar cada aluno individualmente. Os educadores podem aceder ao Tiro remotamente e os alunos podem utilizá-lo para aprender música e inglês (Han, 2009 e Han et al., 2009). Algumas características adicionais são a capacidade de monitorizar as matrículas dos alunos, prestar atenção à gestão do tempo e ajudar os alunos como instrutor, bem como motivar os alunos (ver Figura 3.7).

**Figura 3.7 :** Tiro (Fonte: https://www.roboticstoday.com/robots/tiro)

Saya é um robô semi-humanoide tele-operado que foi utilizado como professor numa escola de Tóquio (Hashimoto, 2011). Pode mover a cabeça e os olhos para mostrar emoções, comunicar com os alunos e ajudá-los como assistente. Alguns dos movimentos que pode exprimir são a felicidade, a raiva, o medo e a tristeza (ver Figura 3.8).

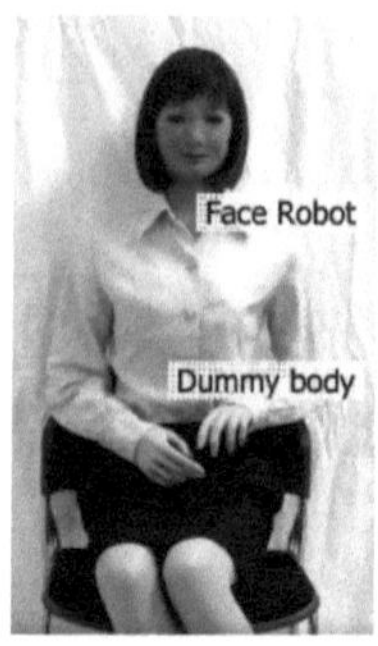


**Figura 3.8** : Saya

(Fonte: https://www.semanticscholar.org/paper/Educational-system-with-the
android-robot-SAYA-and-Hashimoto-
Kobayashi/b21e4bc21c0ca3e3a55c1ae6735ebe3c9faaa1e4/figure/0.)

O AV1 é um robô de telepresença com câmara, microfone e altifalante incorporados que pode ser colocado dentro ou fora da sala de aula e ser controlado a partir de casa. Desta forma, os alunos podem participar nas actividades que se realizam em qualquer parte da escola e interagir com outros alunos, como se estivessem fisicamente presentes (Weibel et al., 2020) (ver Figura 3.9).

**Figura 3.9 : AV1**

(Fonte: https://onlinelibrary.wiley.com/doi/full/10.1002/nop2.471)

Outra categoria de robôs reais são os robôs de estimação, como Pleo, eMuu, Probo, Aibo, The Huggable, Dragonbot, Leonardo, iCat (Causo, 2016). Estes robôs são sobretudo utilizados como robôs sociais, podem interagir com crianças e exprimir emoções (ver Figura 3.10).

**Figura 3.10 : Robôs de estimação**

(Source: https://link.springer.com/chapter/10.1007/978-3-319-22368-1_8).

Embora a robótica educativa possa ser extremamente útil num ambiente de aula, a sua utilização pode também estender-se a actividades de ensino para alunos que não podem estar fisicamente presentes na aula, apoiando assim actividades de ensino à distância. Por exemplo, as crianças que são obrigadas a ficar em casa ou que estão a ser tratadas em hospitais podem ter graves consequências no seu desenvolvimento social. Assim, perder longos períodos de escola e interacções sociais com os seus pares, devido a factores que estão fora do controlo das crianças, pode resultar em isolamento social e sentimento de solidão (Helms et al., 2016). Para combater a situação negativa acima descrita, os robots podem garantir que não se perde nenhuma aula ou tempo com os amigos, permitindo que as crianças tenham uma ligação contínua com o seu educador e pares (Soares, Kay & Craven, 2017).

Inicialmente, os robots eram construídos para executar tarefas repetitivas, sem qualquer IA. No entanto, a importância de ter máquinas inteligentes que possam realizar tarefas avançadas acabou por levar à utilização de uma série de sensores que fornecem informações sobre o ambiente, juntamente com a integração da IA para processar e tomar decisões com base nas informações recebidas pelos sensores (Brady, Gerhardt & Davidson, 2012, West, 2018). Os sensores típicos utilizados na robótica incluem microfones, sensores óticos Time-of-flight (ToF) e detetores de movimento (Ben-Ari, 2018) que podem ser utilizados em conjunto com algoritmos de IA para detetar um ambiente (Poppinga et al., 2019). Todos os dados recebidos pelos sensores são normalmente utilizados para treinar modelos de redes neuronais e educar os robôs para executarem todas as suas funções, desde a compreensão de um utilizador até à reação eficaz (Thomaz, 2005). As funcionalidades baseadas na IA incorporadas nos robôs incluem o reconhecimento da fala, o controlo dos movimentos, a visão por computador, o processamento da linguagem natural, a tecnologia de agentes inteligentes, o controlo dos movimentos e o controlo para agarrar objectos.

### 3.2.1.2 Chatbots

A noção de chatbot é uma combinação de duas palavras: "chat", que significa conversa, e "bot", que significa robot (Chocarro et al., 2020). Os chatbots simulam uma conversa com utilizadores humanos através da utilização de serviços de mensagens instantâneas e os alunos que são facilitados por chatbots podem responder a perguntas sobre o material educativo. Os chatbots demonstram um elevado potencial como ferramenta de ensino-aprendizagem para estudantes à distância e podem oferecer: (a) assistência pessoal, (b) apoio a conteúdos educativos (Colace, De Santo, Lombardi, Pascale, Pietrosanto, & Lemma, 2018) e (c) ser utilizados como tutores que acompanham o processo de aprendizagem (Chocarro et al., 2020). Atualmente, as aplicações de mensagens modernas, como o Facebook, SMS, Messenger, WeChat e Telegram, incluem chatbots.

Os chatbots estão a ganhar popularidade numa vasta gama de indústrias, especialmente na educação e nas aulas inteligentes. Vários inquéritos indicaram que estas máquinas podem potencialmente mudar a forma como os alunos estudam, bem como a forma como adquirem conhecimentos (Winkler et al., 2018). Os chatbots podem estimular eficazmente a comunicação, o envolvimento, fornecer uma grande variedade de recursos e informações através da aprendizagem ativa e de ecrãs práticos, e podem até ser utilizados como dispositivos pessoais de tomada de decisões para os educadores. Os chatbots estão a tornar-se cada vez mais populares devido à sua abordagem pedagógica interativa, bem como à sua capacidade de estarem sempre presentes e em todo o lado (Zhou et al., 2020). A maioria dos estudos demonstrou que a utilização de bots nas aulas pode oferecer aos alunos um procedimento educativo mais agradável através de um envolvimento próximo (Kim et al., 2019), melhorar as capacidades de comunicação e aprendizagem (Hill et al., 2015), além de impulsionar o desenvolvimento intelectual dos alunos (Wu et al., 2020).

Os exemplos de chatbots educativos utilizados ao longo dos anos estão resumidos na Tabela 3.3, enquanto as capturas de ecrã de interfaces com chatbots são apresentadas na Figura 3.11.

**Quadro 3.3 :** Exemplos de chatbots educativos utilizados ao longo dos anos.

| Ano | Nome do chatbot | Principais capacidades | Referência ou página Web |
|---|---|---|---|
| 201 1 | StuddyBudd y | Responder a perguntas, ministrar cursos | Tian, Xiaoyi, et al. 2021 |
| **201 3** | IBM Watson | Responder a perguntas, distribuir material | Morrissey et al., 2013 |
| 201 4 | Harmonia de Mangusto | Responder a perguntas, inscrever-se, marcar consultas | https://www.mongooseresearch.com/harmon ia |
| 201 6 | Dawebot | Criar um questionário , responder a perguntas | Pereira e Juanan, 2016 |
| 201 6 | Botsify | Responder a perguntas, inscrever-se | Lee, Jang Ho, et al., 2020 |
| 201 7 | Bot Nerdy | Responder a perguntas | Singh et al., 2019 |
| 201 9 | Amazon QnABot | Responder a perguntas | Pakanati et al., 2020 |

| 202 0 | Assistente Google | Responder a perguntas, jogar vídeos e jogos | Karri et al., 2020 |
| --- | --- | --- | --- |

**Figura 3.11:** Imagens de ecrã que mostram diferentes chatbots: (a) StuddyBuddy, (b) Botsify, (c) Dawebot, (d) Nerdy Bot, (e) Mongoose Harmony, (f) IBM Watson, (g) Google Assistant, (h) Amazon QnABot.

*StuddyBuddy* é um software que ajuda os alunos com menos de 12 anos de idade nas suas disciplinas, como Inglês, História e Matemática. É um assistente de ensino que utiliza métodos simples como representações tridimensionais, exercícios reais e tecnologia de ponta, garantindo que todas as ideias e informações sejam compreendidas. Pode ajudar tanto estudantes como educadores e a sua interface é bastante fácil de aceder.

*O IBM Watson* é um chatbot produzido pela IBM com a capacidade de responder a respostas (Kollia et. al., 2016). Este chatbot tem sido utilizado por muitas universidades em todo o mundo para fins educativos devido à sua interatividade. Oferece a capacidade de responder a perguntas dos alunos, recolher e distribuir ficheiros quando solicitado e responder a perguntas relacionadas com o curso.

*O Mongoose Harmony* pode ser considerado um chatbot inteligente criado exclusivamente para fins académicos para apoiar as crescentes exigências de interação e acessibilidade. Utiliza a inteligência artificial para criar uma abordagem mais personalizada e pode oferecer não só respostas a perguntas, mas também iniciar inscrições, agendar marcações e contactá-lo imediatamente com a pessoa adequada.

*Dawebot* (Pereira e Juanan, 2016) é um chatbot utilizado para criar testes para a preparação de alunos para exames, fornecer material extra e informar os educadores sobre o seu desempenho. Os testes geralmente têm a forma de questões de múltipla escolha, e a interface é bastante fácil de usar.

*O Botsify* é um chatbot polivalente que também foi utilizado em aplicações educativas. O Botsify é fácil de utilizar e ajuda os estudantes a envolverem-se mais rapidamente com a sua instituição académica. Torna o processo de inscrição automático; proporciona um ambiente de aprendizagem mais personalizado onde os alunos podem aprender de uma forma divertida e receber respostas aos seus problemas, permitindo que os alunos tenham acesso ao material em qualquer altura.

*O Nerdy Bot* é um chatbot desenvolvido pela Nerdify e é utilizado principalmente para executar trabalhos universitários em várias disciplinas, como matemática e história. Este bot utiliza técnicas de aprendizagem automática e processamento de linguagem natural para obter as informações necessárias para responder às perguntas. É um assistente de estudo que está disponível através do Facebook Messenger, tornando o processo muito mais fácil.

*O Amazon QnABot* é um bot desenvolvido pela Amazon que combina a Alexa e o Lex para fornecer uma interface interactiva onde os alunos podem fazer perguntas e pesquisar conteúdos de forma eficiente. Este bot promove o conceito de que os alunos devem ser capazes de aceder facilmente à informação necessária que pode ser extremamente benéfica durante o processo educativo. O QnABot dá a possibilidade de adicionar funções extra e os alunos podem também expressar a sua opinião através de um fórum.

*O Google Assistant* é uma ferramenta poderosa que oferece muitos benefícios na educação. O *Google Assistant* pode responder a perguntas e fornecer informações úteis durante um curso, podendo também ser utilizado nas bibliotecas escolares. Algumas outras funcionalidades são a capacidade de ajudar os alunos com os trabalhos de casa, quer se trate de matemática ou história, e até mesmo ajudá-los com tarefas linguísticas.

Vários investigadores estudaram a eficácia dos chatbots na educação:

Clarizia (2018) concebeu e instalou um chatbot nos sistemas de e-learning da Universidade de Salerno para avaliar a eficácia com que os chatbots respondem a questões. Durante o período letivo, os alunos foram obrigados a utilizar o chatbot, e apenas aqueles que concluíram os testes puderam analisá-lo. De acordo com as estatísticas, 71,13% dos alunos afirmaram que o chatbot deu sugestões correctas, enquanto 12,83% disseram que as ideias estavam incorrectas. Wu (2020) efectuou um estudo semelhante, no qual o chatbot sugerido conseguiu responder virtualmente como um humano, reduzindo também os sentimentos negativos dos alunos.

Pereira e Juanan (2016) criaram o Dawebot, um bot que fornecia testes aos alunos para os ajudar a prepararem-se para os exames. Após o teste, também fornecia aos alunos outras fontes de informação e notificava os educadores sobre o seu desempenho em cada secção do currículo. Vinte alunos participaram nesta investigação e quase nove em cada dez consideraram este tipo de aprendizagem um excelente método de estudo, enquanto sete em cada dez afirmaram que os ajudou a participar e a compreender o que lhes foi ensinado.

Foi realizado um inquérito significativo para determinar o impacto dos chatbots no ensino do inglês (Kim 2019). O estudo incluiu 70 alunos divididos em duas equipas: os que utilizaram um bot para assistência e os que tiveram um instrutor humano. As experiências revelaram que quase todos os alunos, independentemente da equipa em que se encontravam, conseguiram reforçar as competências linguísticas e, antecipadamente, os alunos que utilizaram chatbots tiveram um desempenho superior ao dos seus colegas (mais dois créditos).

A principal função dos chatbots é interagir com as pessoas através da linguagem escrita ou da fala. O funcionamento dos chatbots é uma mistura de inteligência artificial e Processamento de Linguagem Natural (PNL). O Processamento de Linguagem Natural é um ramo da inteligência artificial que se ocupa da capacidade dos computadores para compreenderem o discurso escrito e auditivo da mesma forma que os humanos (Chowdhury et al., 2003). O PNL é composto por três elementos primários fortemente correlacionados com a IA, o reconhecimento do discurso, a geração do discurso, que se baseia em abordagens de IA, como as redes neurais profundas, como as GAN (Generative Adversarial Networks), a fim de melhorar a qualidade do discurso gerado (Hsu, Po-chun, et al., 2019) e o raciocínio, que ajuda os bots a fazer previsões e a tirar conclusões com o objetivo de responder adequadamente em todas as interacções com um ser humano. Inicialmente, os chatbots utilizavam técnicas de correspondência de palavras-chave, que envolviam o reconhecimento de frases-chave fundamentais, a determinação de um contexto mínimo, a escolha de transformações aplicáveis e, por último, a produção de respostas que não incluíam as palavras-chave (Weizenbaum, 1966). As interfaces interactivas por voz surgiram principalmente como resultado de avanços na tecnologia de reconhecimento de voz e de computador (Guttormsen et al., 2011). O Amazon Echo é um exemplo de uma tecnologia baseada na interação por voz (Teja, 2020). Utiliza DNN (Deep Neural Network) para processar qualquer conjunto de dados (por exemplo, sob a forma de matrizes) e traduzir qualquer língua, por exemplo, e Redes Neuronais Recorrentes (RNN) como controlador.

### 3.2.2 Modelos de linguagem natural/Modelos de IA generativa

Da educação ao jornalismo e às artes, há todos os motivos para acreditar que as tecnologias de IA e, especificamente, os modelos generativos de IA, estão a mudar a forma como nos relacionamos com os conteúdos. Um modelo generativo de IA, treinado com base em dados e alimentado por algoritmos, é um exemplo de algo que pode criar automaticamente conteúdos, desde texto a imagens, código, até música e outras formas de media. No contexto da educação, estes modelos funcionam como uma ferramenta que melhora a experiência de ensino e aprendizagem. O exemplo mais conhecido é o ChatGPT, entre outros modelos de IA generativa que são elaborados exatamente para tornar o processo educativo mais eficiente. Como observam Brizuela e Merchan (2023), o ChatGPT e outras tecnologias desse tipo têm o potencial de transformar ambientes de aprendizagem em ambientes personalizados.

*O Chat Generative Pre-trained Transformer (ChatGPT)* foi lançado pela OpenAI e tem potencial para ser uma ferramenta eficaz na educação. O ChatGPT tem a capacidade de gerar textos semelhantes aos humanos, é rápido e o texto não pode ser detectado como plágio (Adheshola et al., 2023). O ChatGPT tornou-se um tema bastante quente na educação. O seu papel tem sido amplamente debatido, ao mesmo tempo que têm sido recebidas críticas mistas relativamente ao seu potencial e contributo. Um estudo recente que analisou dados do Twitter logo após o lançamento do ChatGPT encontrou muitas opiniões positivas entre os utilizadores sobre o seu impacto na educação, destacando potenciais oportunidades e desafios (Korkmaz et al., 2023). No entanto, existem preocupações quanto à eficácia da avaliação dos alunos com base em métodos tradicionais de escrita e teoria. Um dos estudos sobre o tema (Singh et al., 2022), investigou a aplicação didática do ChatGPT, revelando seu potencial como ferramenta transformadora no ensino de ciências. Um estudo semelhante de Dan et al. (2023) contribui para a compreensão das aplicações emergentes e do impacto que o ChatGPT traz na educação. Apesar desses insights, o impacto geral do ChatGPT na educação ainda permanece uma área de pesquisa em evolução, exigindo pesquisa contínua e debate crítico.

Para além do ChatGPT, outros modelos de IA aprofundaram o conhecimento do ensino avançado em algumas capacidades distintas (Ijaz 2023). Alguns deles são:

(a) *Jasper*: O Jasper é principalmente um assistente inteligente para marketing de conteúdos, mas foi alterado para ajudar os estudantes a escrever trabalhos, gerar ideias para projectos e aprender línguas.

(b) *GPT-3 da OpenAI*: O antecessor do ChatGPT, GPT-3, foi utilizado no desenvolvimento de sistemas de tutoria, módulos de aprendizagem e até na simulação de conversas com figuras.

(c) *EduBirdie*: A EduBirdie é uma empresa que utiliza a IA para ajudar os alunos na sua escrita através de ferramentas que verificam a gramática, a sintaxe, etc.

(d) *Socratic*: O Socratic é uma ferramenta de IA introduzida pela Google. Foi concebida especialmente para ajudar os alunos com os trabalhos de casa ou questões de estudo. Utiliza a inteligência para analisar as perguntas e até ajudar na sua explicação faseada, bem como prestar assistência na resolução de problemas.

Estes exemplos demonstram o potencial que os modelos de IA generativa têm para transformar o domínio da educação. As vantagens da utilização de modelos de IA que utilizam definições personalizáveis são o facto de poderem personalizar a experiência de aprendizagem, no sentido de alterar o conteúdo de forma a satisfazer as necessidades individuais dos alunos, para que estes possam atingir o seu potencial máximo. Esta forma de aprendizagem adaptar-se-ia aos diferentes estilos de aprendizagem e conduziria a um melhor envolvimento e compreensão por parte dos alunos.

Além disso, a utilização de modelos de IA irá provavelmente ajudar os educadores a reduzir a sua carga de trabalho no que respeita a tarefas simples como a criação de conteúdos, a correção de avaliações e o feedback. Estas tarefas podem ser automatizadas através da utilização da IA. Assim, os educadores podem ter tempo para se concentrarem nas partes essenciais do ensino e da orientação dos seus alunos, uma vez que são poupados a esse tipo de tarefas. Baidoo Anu e Ansah (2023) referem como estas tecnologias podem potenciar a aprendizagem através da produção de material didático. Lim et al. (2023) defendem a forma como a IA moldaria o futuro da educação, salientando como poderia criar um cenário educativo inclusivo, apesar dos desafios relacionados com a integração. Os modelos de IA generativa moldam o futuro, onde permite a inclusão, coloca experiências que são cativantes e onde a aprendizagem se torna personalizada para cada aluno. Estes modelos de IA, ao mudarem a educação, podem fornecer recursos que promoverão o crescimento e a criatividade na educação.

### *3.2.3 Realidade Virtual/Aumentada/Mista*

As salas de aula inteligentes incorporam frequentemente a realidade virtual, aumentada e mista como meio de introduzir experiências de aprendizagem imersivas. A Realidade Virtual (RV) diz respeito à simulação em 3D de um ambiente imaginário ou real, que o utilizador pode visualizar, explorar e interagir com ele (Górski et al., 2017). Os elementos-chave da RV são resumidos como os '3Is' - Imersão, Interação e Imaginação (Cheng, 2014; Li et al., 2009), refletindo o facto de que as aplicações de RV bem-sucedidas permitem que os utilizadores fiquem imersos e interajam em ambientes artificiais de uma forma que simula a imaginação do utilizador. Os recentes desenvolvimentos na tecnologia de RV resultaram em ferramentas de software e hardware acessíveis que permitem a utilização de aplicações de RV em vários domínios, incluindo aplicações educativas.

Carmigiani e Furh, (2011) definiram a Realidade Aumentada (RA) "como uma visão direta ou indireta em tempo real de um ambiente físico do mundo real que foi melhorado/aumentado pela adição de informação virtual gerada por computador". Por outras palavras, a RA oferece uma experiência interactiva aos utilizadores, acrescentando informações virtuais ao ambiente físico dos estudantes e permitindo-lhes utilizar todo o seu corpo como meio de interagir com conteúdos virtuais e reais (Billinghurst et al., 2015).

A Realidade Mista (RM) foi mencionada pela primeira vez por Paul Miligram (1994) e refere-se a uma mistura de objectos do mundo real e do mundo virtual/digital que são visualizados em conjunto num único ecrã num espaço coerente (Kasapakis et al., 2018). Os objectos virtuais são mais predominantes na RM do que os objectos físicos, em vez da RA que contém mais objectos físicos. Assim, em comparação com a RA, que se situa no mundo real, e a RV, que tem lugar num mundo virtual, a RM é uma forma híbrida de realidade e realidade virtual que combina os dois mundos numa única experiência do utilizador (Lee, 2012). A RM é referida como Realidade Híbrida (incluindo tanto a RA como a Virtualidade Aumentada), o que resulta na criação de ambientes mistos e na visualização de objectos virtuais e reais coexistentes e em interação em tempo real (ver Figura 3.12).

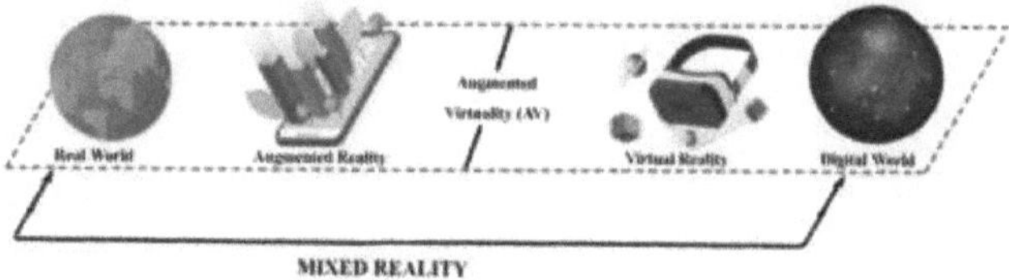


**Figura 3.12** : As diferenças entre realidade virtual, aumentada e mista.

### 3.2.3.1 Realidade virtual na educação

A RV pode fornecer laboratórios para os alunos realizarem experiências em condições semelhantes às dos laboratórios reais, onde os alunos podem usar o seu olhar, voz ou gesto para interagir com objectos no mundo virtual (Elkoubati e Mrabet, 2018). De acordo com Sobota et al. 2017, as duas técnicas que são amplamente utilizadas para oferecer uma experiência imersiva e semi-imersiva em relação à realidade virtual no ambiente de sala de aula inteligente são: (a) CAVE (Cave automatic virtual environment) e HMDs (Head-mounted displays) e (b) Mesa escolar interativa. O CAVE é um espaço com a dimensão de uma sala que inclui várias paredes de projeção, onde o utilizador pode mover-se livremente no espaço e sentir o seu corpo em interação imediata com a cena virtual, e os HMD são dispositivos adequados que oferecem sempre um ambiente virtual a um utilizador. Além disso, existem diferentes acessórios de RV que podem ser combinados com HMDs e CAVEs, como luvas, fatos ou controladores que podem proporcionar uma experiência mais emocionante.

A aplicação da RV na educação alterou algumas das ideias de ensino anteriores, mas também alguns dos modelos de ensino já existentes (Chen e Tsai 2012; Gu, 2017). Vários estudos concluíram que as tecnologias de RV têm maior probabilidade de influenciar positivamente a motivação e o desempenho académico dos estudantes (Ibáñez et al., 2014; Martín-Gutiérrez et al., 2017). Para além disso, Hampel e Dancsházy (2014) defendem que a criação de um ambiente de aprendizagem virtual é bastante útil para os alunos, uma vez que estes são capazes de adquirir conhecimentos por si próprios. Além disso, há provas de que as tecnologias de RV melhoram as competências colaborativas e comunicativas dos alunos, juntamente com as suas competências cognitivas e psicomotoras (Martín-Gutiérrez et al., 2017; Zhou et al., 2008; Kaufmann e Schmalstieg 2002), enquanto as tecnologias de RV também podem ser utilizadas para a formação dos educadores (Stavroulia et al., 2016).

Uma aplicação importante da RV numa turma inteligente são os Agentes Pedagógicos (APs). Os AP são personagens virtuais integrados em tecnologias de aprendizagem. São criados para comunicar com os alunos de forma semelhante à dos educadores. São também criados para envolver reacções sociais e emocionais em personagens 3D realistas. Distinguem-se dos agentes de conversação comuns, como o Siri da Apple, pela sua função de instrução. A sua maior vantagem é o facto de poderem ser ensinados. Os AP podem também ser incorporados em robôs num ambiente de sala de aula e desenvolver-se de forma a sentir, interpretar e estimular as emoções dos alunos (Papoutsi & Rangousi, 2020).

A Realidade Virtual pode ser considerada pioneira na educação, uma vez que desenvolveu um método inovador de aprendizagem. Na Tabela 3.4, citamos alguns trabalhos representativos realizados em salas de aula que incorporam a RV.

**Quadro 3.4:** Exemplos de aplicações de RV utilizadas ao longo dos anos.

| Ano | Autor | Tópico | Equipamento utilizado |
| --- | --- | --- | --- |
| 2001 | Mintz et al., 2001 | Física/Astronomia | Computador |
| 2002 | Knudsen & Naeve, 2002 | Matemática | Ecrãs montados na cabeça (HMD) |
| 2008 | Adams et al., 2008 | Ciências informáticas | Computador, HMD |
| 2010 | Sampaio, Alcínia Z., et al., 2010 | Engenharia civil | Computador |
| 2015 | Valdez et al., 2015 | Engenharia eléctrica | Computador, 3D Max Studio, Vray |
| 2016 | Parmar et al., 2016 | STEM | Oculus Rift HMD |
| 2018 | Wong et al., 2018 | Estudantes com autismo | Ecrãs de projeção, Câmara |
| 2018 | Blyth et al., 2018 | Geografia | Computador |
| 2019 | Alfalah et al., 2019 | Medicina | Projetor, computador, óculos 3D |

A realidade virtual revolucionou a forma como a astronomia e a tecnologia espacial são ensinadas. Mintz et al. (2001) desenvolveram um novo ambiente virtual imersivo que utilizava uma representação dinâmica do universo em 3D. O aluno tem a oportunidade de explorar uma réplica virtual do ambiente externo. Pode expandir a sua visão e alterar o seu ponto de vista, enquanto o ambiente virtual gerado funciona normalmente. Uma das principais vantagens deste recurso didático é a capacidade de se deslocar no espaço e de proporcionar aos alunos uma experiência única.

Segundo Knudsen & Naeve (2002), o CyberMath é um ambiente virtual que foi desenvolvido com o objetivo de criar uma exploração interactiva da matemática. Em particular, este ambiente virtual suporta CAVE e Head Mounted Displays (HMD) e há muitas secções diferentes com exposições no programa, cada uma incluindo uma coleção de estruturas matemáticas com tópicos semelhantes, enquanto em cada parede se pode projetar material que se refere a um determinado tópico e os participantes virtuais podem mover-se para qualquer lugar e ler os tópicos.

Adams et al. (2008) desenvolveram uma aplicação de RV realista, com 6 DOF, que proporciona um mundo envolvente aos estudantes no domínio da informática. Em particular, com o seu método, pretendem atrair a atenção dos estudantes, uma vez que muitos deles estão habituados a jogos de vídeo. Esta aplicação foi utilizada pela primeira vez num curso de Computação Gráfica, onde os alunos podiam construir um apartamento 3D e também navegar para os quartos dos seus colegas e interagir com eles. Este facto tornou o processo mais divertido e envolvente para os alunos, que até mostraram as suas criações aos seus amigos e familiares.

Sampaio, Alcínia Z., et al. (2010) salientam a importância dos sistemas de RV em cursos como Engenharia Civil e Arquitetura introduzidos nas universidades em Portugal. A tecnologia de RV pode ser aproveitada para criar conteúdos educativos relevantes no domínio das operações de construção e ajudar na compreensão de questões relacionadas com a construção. Os modelos 3D utilizados podem ajudar os estudantes a monitorizar possíveis anomalias e a encontrar soluções diferentes.

Valdez et al. (2015) demonstraram uma aplicação de realidade virtual para auxiliar a aprendizagem de engenharia eléctrica. Em particular, criaram laboratórios virtuais que permitem que os alunos os frequentem remotamente utilizando a RV. Através das experiências fornecidas pelos laboratórios, os estudantes podiam realizar investigação eletrónica fundamental neste domínio utilizando circuitos e equipamento em linha. O software desenvolvido tinha representações precisas de modelos 3D de instrumentos, juntamente com peças electrónicas essenciais para a realização das experiências. Estes ambientes em linha podem oferecer muitas vantagens tanto aos estudantes como aos educadores, proporcionando um local seguro para a realização de experiências, evitando a compra de instrumentos dispendiosos e proporcionando uma forma de aprendizagem interactiva e envolvente.

VEnvI (Virtual Environment Interactions) é uma aplicação de programação virtual desenvolvida por Parmar et al. (2016) que combina dança, raciocínio matemático e envolvimento físico. O método foi concebido especialmente para raparigas (ensino secundário), a fim de melhorar a sua compreensão das disciplinas STEM. Este sistema é totalmente realista e inclui uma personagem na primeira pessoa sob a forma de um avatar. Nesta experiência, as raparigas tiveram de aplicar competências de programação informática e de codificação para criar movimentos de dança para as suas personagens. As estudantes puderam ver o avatar que estavam a conceber, experimentar a dança na primeira pessoa, propor modificações e corrigir falhas utilizando o Oculus Rift HMD.

Wong et al. (2018) descrevem uma aplicação de RV que pode melhorar as capacidades de ajustamento emocional e social em estudantes com autismo. O programa inclui seis tópicos emergentes distintos: regulação da emoção e meditação, modelação de diversas circunstâncias sociais, estabilidade e encorajamento. O software é construído e concebido com ferramentas e métodos de terapia cognitiva.

O Google Expeditions é uma aplicação concebida pela Google (Blyth et al., 2018) que cria uma forma envolvente e interactiva que pode ser utilizada para ensinar geografia na sala de aula. Por exemplo, permite aos educadores efetuar uma visita virtual que inclui todos os alunos. Empregando a tecnologia Google Street View, o programa reproduz um ambiente interativo do mundo real, utilizando imagens de 360 graus filmadas em vários locais, incluindo uma investigação aquática de ilhas no Oceano Atlântico ou uma visita à Grande Muralha da China.

Alfalah et al. (2019) disponibilizam uma aplicação que suporta a representação da anatomia do coração através de uma experiência imersiva. Este programa 3D permite uma interatividade específica, incluindo inspeção ilimitada e representa a desmontagem para exibir relações anatómicas genuínas de vários componentes do coração. Para obter uma imagem realista das numerosas estruturas do modelo, foram aplicadas várias tonalidades de cores de carne com um exagero moderado. Além disso, a localização do coração é fixada na direção anatómica correcta. O objetivo do sistema é ajudar a compreender as complexidades da anatomia do coração e elucidar as relações anatómicas entre as suas várias secções.

A ideia de Metaverso surgiu nos últimos anos e prevê-se que venha a fazer parte da nossa realidade nas próximas décadas. O Metaverso é um universo digital paralelo que permite a vários utilizadores emergir em ambientes que combinam o mundo físico e o digital (Mystakides et al., 2022). O Metaverso utiliza tecnologias como a realidade virtual, a realidade aumentada e a cadeia de blocos para conseguir a imersão, uma vez que estas tecnologias podem conseguir interacções multissensoriais. Proporciona uma interação genuína e física com o utilizador e inter-relações complexas com objectos virtuais.

### 3.2.3.2 Realidade aumentada na educação

Em comparação com a RV, a RA pode fornecer informações adicionais aos alunos, porque não só combina o mundo real e virtual, mas também oferece uma experiência aumentada de interação em tempo real com objectos reais, que são melhorados através de múltiplas modalidades sensoriais que são utilizadas para criar uma perceção enriquecida da realidade e o alinhamento de objectos reais e virtuais (Wu et al., 2013). De acordo com Chen et al. (2011), a RA pode maximizar a aprendizagem, porque a colocação de objectos virtuais 3-D em ambientes reais pode permitir que os alunos aprendam em perspectivas 3-D e visualizem algo que ainda não é real. Além disso, como postulam Bower et al. (2014), a combinação de dados reais e virtuais pode facilitar aos utilizadores o acesso a conteúdos multimédia enriquecidos que fazem sentido, porque, por um lado, são contextualmente relevantes e acessíveis e, por outro, não são sintéticos como na RV, apesar da sua sobreposição virtual.

A utilização da RA na educação tem sido associada a benefícios específicos de aprendizagem (Radu 2014). Chen et al. (2017) realizaram uma revisão sobre aplicações de RA na educação entre 2011 e 2016, considerando vários benefícios, características, eficácia da RA e factores em ambientes educativos. O principal resultado da sua investigação sugeriu que a investigação científica sobre aplicações de RA aumentou significativamente a partir de 2013.

A interação entre os alunos e o pessoal em actividades de RA pode ser facilitada através de ferramentas/software específicos e dispositivos móveis. Existem diferentes tipos de dispositivos de visualização aumentada num ambiente de aula inteligente, como tablets, smartphones, smartboards e diferentes softwares que permitem a criação de cenários aumentados, como o Aurasma[1] , o Layar[2] , o Augment[3] e o Aumentaty[4] (Chamba-Eras e Aguilar 2017). Oculus Quest, Microsoft HoloLens e Windows Mixed Reality são headsets/óculos de RA utilizados como dispositivos de visualização aumentada. De acordo com Torres et al. (2011), a RA em salas de aula inteligentes pode ser utilizada das seguintes formas: Livro ampliado, modelos virtuais de estruturas específicas complicadas, jogos educativos para a sala de aula, modelos virtuais que produzem sons, óculos mágicos, espelhos mágicos, portas e janelas mágicas, apoio à navegação e espaço cooperativo. De acordo com Chamba-Eras e Aguilar (2017), a RA é recomendada para compensar várias deficiências que podem ocorrer num ambiente de sala de aula inteligente, tais como: dificuldades em fazer experiências complicadas e perigosas, realização de experiências reais devido aos custos do equipamento, indisponibilidade de instalações adequadas.

A RA na educação tem sido utilizada para muitas aplicações, incluindo livros aumentados, que podem melhorar a experiência de aprendizagem através de gráficos virtuais que complementam o conteúdo impresso e a interatividade (Allagui, 2019). Por exemplo, o Magic Book apresenta conteúdos virtuais sobrepostos às páginas reais do livro, enquanto os utilizadores podem mergulhar num ambiente totalmente virtual premindo um botão no ecrã. Além disso, a visualização colaborativa é suportada, uma vez que mais do que uma pessoa pode

---

[1] https://www.aurasma.com

[2] https://www.layar.com/

[3] http://www.augment.com/es/

[4] http://www.aumentaty.com/

visualizar o mesmo conteúdo, tornando a leitura uma experiência imersiva em várias escalas (Billinghurst, Kato & Poupyrev, 2001). Como resultado das múltiplas modalidades sensoriais, pode ser criada uma perceção enriquecida da realidade e os objectos reais e virtuais podem ser alinhados, resultando numa melhor aprendizagem em comparação com os livros tradicionais (Wu et al., 2013).

Billinghurst e Dünser (2012) descreveram a aplicação CityViewAR que pode ser utilizada com telemóveis para percorrer a cidade de Christchurch e ver virtualmente edifícios reconstruídos na forma que tinham antes de serem demolidos, em vez das ruínas reais. Isto é possível porque a aplicação utiliza GPS e sensores para localizar o ponto de vista do utilizador e, assim, posicionar a imagem virtual sobre a imagem real. Além disso, a aplicação oferece aos estudantes a opção de aprenderem sobre a história do edifício que vêem através da aplicação, tocando neste último no ecrã do telemóvel. De acordo com Billinghurst e Dünser (2012), a comparação entre a aprendizagem tradicional através de imagens impressas e a utilização da aplicação acima referida indicou um maior envolvimento dos alunos e melhores resultados de aprendizagem.

A importância da tecnologia de Realidade Aumentada na educação levou à sua implementação em vários tópicos, como mostra a Tabela 3.5.

A tecnologia de RA tem sido aplicada no domínio da matemática em alguns estudos diferentes. Kaufmann et al. (2002) conceberam um sistema que incorporava tecnologia de RA para os cursos de matemática e geometria destinados a estudantes do ensino secundário e universitário. Combinaram o Construct3D e algumas características do "Studierstube", que é um sistema de RA. Os alunos podiam usar Head Mounted Displays (HMDs) e segurar outros objectos que utilizavam para realizar algumas tarefas, como inscrever uma esfera num cone. Conseguiram melhorar a perceção dos alunos em relação à geometria 3D e os alunos pareciam estar confiantes em relação ao que tinham criado. Num artigo mais recente, Cai, Su, et al. (2019) criaram uma série de cursos de matemática, relacionados com estatística e probabilidades, utilizando novamente a tecnologia de RA, com a intenção de avaliar a influência da RA através da análise e avaliação de ideias e técnicas de aprendizagem entre alunos do ensino secundário com base no seu nível de compreensão. Por conseguinte, os alunos foram divididos em duas equipas, de acordo com o seu conhecimento da matemática. De acordo com os resultados, as aplicações de RA podem ajudar os alunos que têm uma melhor compreensão da matemática a manterem-se mais concentrados e a reconhecerem conceitos avançados. Além disso, podem ajudar esses alunos a aplicar métodos mais sofisticados no estudo da matemática.

**Quadro 3.5:** Exemplos de aplicações de RA utilizadas ao longo dos anos.

| Ano | Autor | Tópico | Equipamento utilizado |
|---|---|---|---|
| 2002 | Kaufmann et al., 2002 | Matemática | Head Mounted Displays (HMDs), projetor, computador |
| 2007 | Dünser et al., 2007 | Livros de RA para o ensino de línguas | Câmara, Computadores, Marcadores de AR |
| 2012 | Yoon, Susan A., et al. 2012 | STEM e museus | Câmara, projetor, computador |
| 2014 | Ibáñez, María Blanca, et al., 2014 | Física | Tablet |
| 2015 | Lu et al., 2015 | Educação marinha | Webcam, marcadores de RA, computador, projetor |
| 2017 | Alakärppä, Ismo, et al., 2017 | Ambiente | Tablets Android, marcadores de RA |
| 2019 | Cai, Su, et al., 2019 | Matemática | Tablet |
| 2020 | Kerr et al., 2020 | Arquitetura paisagista | Assistente Google |
| 2020 | Dimitriadou, et al., 2020 | Matemática | Tablet/mobile, marcadores AR |

| 2021 | Reeves, Laura E., et al., 2021 | Bioquímica | Tablet, marcadores AR. |
| **2022** | Kim et al., 2022 | Ciências e engenharia informática | Câmara, marcadores de RA. |

Os investigadores também tentaram introduzir a RA nas fases iniciais do ensino. Dünser et. al. (2007) propuseram a utilização de livros de RA em escolas primárias com a intenção de melhorar a sua compreensão da aprendizagem. Para efeitos deste estudo, utilizaram uma câmara colocada na parte de trás de um computador para detetar os marcadores de RA colocados em páginas reais. Todo o conteúdo é visualizado no ecrã do computador, permitindo que os alunos naveguem através dos botões apresentados no mesmo. A experiência envolveu alunos com idades compreendidas entre os 6 e os 7 anos e os resultados mostraram que estes conseguiam interagir facilmente após a primeira tentativa e ler um livro sozinhos. Além disso, Alakärppä, Ismo, et al. (2017) desenvolveram uma aplicação baseada num jogo em combinação com a RA para fins educativos. Utilizaram itens da natureza, como folhas, como marcadores de RA que são digitalizados através da câmara de um tablet para fornecer um questionário com a intenção de melhorar a forma como os alunos aprendem. Avaliaram a sua aplicação através dos resultados obtidos junto de alunos do ensino primário e concluíram que a combinação de actividades ao ar livre e educação pode ser frutuosa, sendo os objectos naturais um método envolvente e um elemento no processo de aprendizagem. Numa investigação conduzida por Yoon, Susan A., et al. (2012), os autores investigaram quatro cenários diferentes para a compreensão do conhecimento STEM num museu de ciência que utilizou realidade aumentada e estruturas de compreensão que se revelaram eficazes em aulas tradicionais. A experiência decorreu num museu de ciência nos EUA, com alunos do ensino básico que o visitaram durante uma visita de estudo e tiraram partido das tecnologias de RA. De acordo com os resultados, a utilização de tais quadros mostrou que os alunos apresentaram avanços cognitivos mais fortes.

A tecnologia de RA foi também implementada com êxito nos domínios da física e da química. Ibáñez, María Blanca, et al. (2014) conceberam um sistema de realidade aumentada para explicar os fundamentos da física e, mais especificamente, a teoria electromagnética. Através desta aplicação, os alunos podem investigar tudo sobre o papel dos ímanes, o campo que criam e as forças. Para identificar o equipamento utilizado nas experiências, como ímanes e pilhas, pode ser utilizada a câmara de um tablet. Consequentemente, os alunos podem utilizar o tablet para ver detalhes sobrepostos, incluindo forças electromagnéticas. De acordo com os resultados deste estudo, a realidade aumentada aumentou o desempenho escolar e proporcionou respostas rápidas. No seu estudo, Reeves, Laura E., et al. (2021) tentaram incorporar a tecnologia de RA num curso de bioquímica, com o objetivo de ajudar os educadores a conduzir as suas aulas sobre a estrutura e a função das proteínas. Normalmente, esse curso envolveria apenas imagens 2D incapazes de revelar a estrutura complexa de uma proteína. Os alunos podem utilizar um tablet para visualizar as estruturas 3D com a contribuição da plataforma Zapworks AR. Esta tecnologia não só possibilitou a visualização das estruturas em 3D, como também incentivou a cooperação entre os alunos.

A educação marinha é uma questão realmente importante para muitos países, como Taiwan. Num estudo de Lu et al. (2015), os autores criaram um programa de aprendizagem para alunos do ensino primário que incorporava a realidade aumentada para tornar o ensino agradável e envolvente. Para avaliar este programa, introduziram-no em 51 escolas de todo o país. Os alunos gostaram do processo de aprendizagem, aprenderam a informação desejada e a abordagem de aprendizagem inovadora ajudou os alunos mais fracos a reforçar o seu desempenho académico. A tecnologia utilizada integra materiais da natureza com materiais virtuais. Mais especificamente, uma câmara Web para reconhecer os marcadores de RA, um computador para os carregar e um projetor para mostrar o material aos alunos.

Kerr et al. (2020) descrevem neste artigo a criação de um modelo de realidade aumentada, denominado Master of Time, para ensinar aos estudantes académicos os conceitos fundamentais da arquitetura paisagista na Universidade de Tecnologia de Queensland. A ideia é vista como um meio de gerar métodos de aprendizagem revolucionários e desenvolver abordagens inovadoras em relação ao design e à arquitetura. O objetivo pedagógico das aplicações é educar os estudantes sobre as bases fundamentais do design de arquitetura paisagista nos Jardins Botânicos da cidade. A intenção desta aplicação é ver o jardim através da perspetiva dos profissionais de design e estudar o conceito básico do que é importante num design.

Kim et al. (2022) criaram uma aplicação de RA em conjunto com a IA e testaram-na em estudantes de licenciatura que não possuíam quaisquer conhecimentos especiais no domínio da informática e da engenharia. Este software de ensino gerou uma solução visual que descreve o método de resolução instantânea de problemas através de operações básicas, permitindo que os alunos compreendam os conceitos de aprendizagem automática (ML). A utilização desta aplicação revelou uma perspetiva positiva e uma crença motivadora para adotar a tecnologia de RA no ensino da IA.

### 3.2.3.3 Realidade mista na educação

A RM pode alargar as oportunidades de uma melhor aprendizagem de conteúdos reais (Guo, 2015). De acordo com Maas e Hughes (2020), a RM pode permitir que os alunos compreendam a estrutura e a função espacial, façam associações durante a aprendizagem de línguas, retenham novas aprendizagens na memória de longo prazo, se empenhem mais no processo de aprendizagem e se sintam motivados. Os mundos da RM atingem níveis elevados de imersão através de ecrãs montados na cabeça (HDM), como o Microsoft HoloLens, o HTC Vive, o Oculus Rift e o Magic Leap One, ou o AjnaLens.

As aplicações de RM em ambiente de sala de aula real e inteligente têm muitos benefícios do ponto de vista dos alunos na aprendizagem e no procedimento de obtenção de conhecimentos ou competências. De acordo com Dascalu et al. (2014), alguns dos benefícios da RM para fins educacionais são: (a) os alunos permanecem focados na tarefa em mãos, (b) é fomentado o lado afetivo da aprendizagem, (c) a aprendizagem baseada no computador torna-se mais orientada para o ser humano, e (d) o interesse e a motivação dos alunos para a aprendizagem são reforçados. Além disso, a RM oferece experiências imersivas e envolventes através da resolução criativa de problemas.

No entanto, há uma falta de investigação sobre o desenvolvimento de aplicações de RM para uma sala de aula inteligente. Para colmatar esta lacuna, Gardner e Elliott (2014), implementaram o MiRTLE (Mixed Reality Teaching & Learning Environment) em ambientes inteligentes.
O MiRTLE é um método concebido para criar aulas em linha e mistas na plataforma do sistema de eLearning Shanghai NEC, em que tanto os alunos como os educadores são apresentados por avatares em salas de aula virtuais.

Diferentes ferramentas educacionais foram desenvolvidas para aumentar a eficiência do processo de ensino e podem ser utilizadas em ambiente de sala de aula inteligente, tais como Virtual Toolkit, SMALLable, TIWE Linguistico e Robostage. O Virtual Toolkit apresentado por Mateu et al. (2015) tem como objetivo permitir o desenvolvimento de actividades educativas através de um ambiente de RM. Um exemplo desse toolkit é o Virtual Touch Book, que permite que os alunos leiam um livro de forma tradicional, mesmo que as atividades sejam realizadas no mundo virtual. SMALLable (Tolentino et al. 2019) é uma estrutura para sistemas de realidade mista que permite que estudantes e educadores colaborem na conceção de vários cenários. TIWE Linguistico (Fiore et al. 2014) constitui um concurso que permite aos estudantes que frequentam o ensino secundário em Itália aprender inglês com a utilização de um ambiente de realidade mista que envolve dispositivos móveis Android e mundos virtuais. O RoboStage (Chang et al., 2010) é um ambiente de aprendizagem de RM utilizado por estudantes do ensino secundário como meio de aprender inglês como segunda língua.

### 3.2.3.4 O papel da IA na RV, RA e RM

A combinação de inteligência artificial e realidade virtual/aumentada/mista pode ser considerada uma combinação no ambiente digital. A integração da IA nas aplicações de RV/RA tem o potencial de melhorar a sua eficácia, permitindo aos programadores desenvolver aplicações mais envolventes e fascinantes (Kaviyaraj et al., 2021).

As principais áreas em que a IA é utilizada em conjunto com a IA incluem a geração de activos 3D, a interação, o raciocínio, a visualização e, especialmente no caso da RA e da RM, capacidades de visão por computador para apoiar o processo de deteção de objectos/marcadores.

A geração de conteúdo processual é uma abordagem de IA para criar novas personalidades e configurações precisas de modelos 3D sem informações prévias (Liu et al., 2020). Além disso, a IA pode ser utilizada para gerar avatares, personagens humanóides digitais ou utilizadores complementares que interagem e tomam decisões imediatamente de acordo com as escolhas dos jogadores, resultando em experiências mais envolventes (Mohamed et al., 2019). As técnicas de visão computacional, como a estimativa de pose, a deteção de objectos, a rotulagem de cenas e a segmentação semântica, são utilizadas para controlar o conteúdo de RA, projetar um objeto na cena, acionar um ponto ou ocultar objectos da cena, em conformidade (Sahu et al., 2021). Outras técnicas envolvem a identificação de voz e de palavras, que ajudam o jogador a identificar o discurso auditivo ou as palavras num conteúdo visual.

Um exemplo de aplicação de RV/RA/RM assistida por IA inclui o trabalho de Zhang et al. (2016) que explorou as características da tecnologia de RV, bem como as suas funções na educação física. A sua iniciativa consistiu em incentivar os alunos a participarem e a empenharem-se mais nesta disciplina. Sensores de monitorização, sistemas de registo de movimentos e dispositivos de entrada de movimentos das mãos são os principais equipamentos de recolha de dados. O programa para a aplicação de RV incluía uma base para recolher dados, uma estrutura de programação e uma interface com limites alargados. Todos os elementos acima referidos utilizam IA para acompanhar os alunos e analisar os dados fornecidos.

Weitze et al. (2020) examinaram a forma como o desenvolvimento da aprendizagem baseada em jogos pode ajudar os alunos a atingir determinadas competências de aprendizagem em linha. Os alunos utilizaram esta abordagem para criar jogos de RV instrutivos utilizando o CoSpaces Edu, um programa 3D interativo. Neste contexto, a IA pode ser utilizada através da incorporação de agentes autónomos e permitindo que o sistema crie e adapte a narrativa e o ambiente.

### 3.2.4 Plataformas de aprendizagem eletrónica

As plataformas de e-learning são sistemas que utilizam conteúdos em linha para apoiar a aprendizagem síncrona ou assíncrona em plataformas como o Moodle e o Blackboard (Beetham & Sharpe, 2013). A aprendizagem síncrona é orientada pelo educador e ocorre em tempo real; para tal, os estudantes ligam-se a uma hora pré-determinada e comunicam diretamente com o educador e os seus pares. Na aprendizagem assíncrona, o processo é conduzido pelo estudante e ocorre no momento mais conveniente para o estudante; assim, os estudantes aderem à plataforma num momento e local à sua escolha e interagem com o material de aprendizagem (Potode & Manjare, 2015). A aprendizagem híbrida combina a aprendizagem síncrona e assíncrona, oferecendo flexibilidade e combinando as melhores características dos dois modos. O ensino em linha síncrono e assíncrono não competem entre si. Pelo contrário, cada um integra o outro quando funciona em conjunto. A síncrona oferece ao processo educativo o contacto direto entre o educador e o aluno. O assíncrono dá ao aluno a possibilidade de se concentrar na aula e de adquirir uma compreensão mais profunda.

E-aprendizagem na sala de aula inteligente visa desenvolver a capacidade de aprendizagem dos alunos, uma vez que se concentra na ligação da geração digital, melhorando as oportunidades individualizadas de aprendizagem, desencadeando a inovação da aprendizagem, promovendo a pedagogia digital dos educadores e adquirindo o melhor investimento em TIC pelas escolas (Al-Sharhan et al., 2016). De acordo com Xu et al. (2002) "A Smart Classroom demonstra uma sala de aula inteligente para os educadores envolvidos na tele-educação, na qual os educadores podem ter as mesmas experiências que numa sala de aula real." O conceito de sala de aula inteligente desenvolveu-se a partir do conceito geral do sistema de educação à distância que utilizava a Internet como meio de transformar uma sala de aula convencional num espaço de inteligência, com vários componentes de software e hardware (Xie et al., 2001).

Num ambiente de e-learning inteligente, a tecnologia inclui, mas não se limita a aplicações informáticas, intranet, comunicação por satélite, televisão interactiva, transmissão, vídeo, aplicações CBT e sistemas de gestão da aprendizagem (Al-Sharhan et al., 2016). Algumas actividades realizadas durante a aprendizagem eletrónica utilizando estas tecnologias são: (a) aprender e discutir conteúdos de aprendizagem de forma síncrona e em tempo real com estudantes locais, (b) completar tarefas em tempo real na sala de aula, (c) fazer uma pergunta ao educador em tempo real e (d) fazer uma apresentação aos estudantes locais estando numa área remota (Uskov et al., 2015). Além disso, a utilização de tutores virtuais inteligentes tem um papel importante num ambiente de aprendizagem eletrónica, uma vez que visa promover a educação em linha através da avaliação dos pontos fracos e fortes dos estudantes e da identificação das razões pelas quais os estudantes cometem determinados erros.

As plataformas de aprendizagem eletrónica desenvolvidas nas últimas duas décadas trouxeram muitos benefícios para a educação, uma vez que proporcionam um espaço para carregar material, atribuir tarefas e comunicar com os alunos. Além disso, foram criados muitos sítios de cursos em linha para oferecer uma vasta gama de cursos em linha sobre quase todos os temas científicos, incluindo aulas em vídeo, áudio e texto e fornecendo aos utilizadores certificados após a conclusão de um curso. Nos quadros seguintes, apresentamos as plataformas de aprendizagem eletrónica mais importantes (ver Quadro 3.6), bem como os sítios de cursos em linha (ver Quadro 3.7):

**Tabela 3.6:** Plataformas de aprendizagem eletrónica desenvolvidas ao longo dos anos.

| Nome | Data | Síncrono /Assíncrono | Características principais | Referência |
|---|---|---|---|---|
| Blackboard Learn | 1997 | Síncrono | Trabalhos, testes, comunicação, notas, anúncios | Dobre, Iuliana, 2015 |
| Desire2Learn(D2L) Brightspace | 1999 | Assíncrono | Documentos, comunicação, feedback, gravação de vídeos, tarefas, armazenamento de dados, autenticação | Moseley et al., 2015 |
| MOODLE | 2002 | Síncrono e Assíncrono | Material do curso, trabalhos, notas, questionários, workshops, comunicação | Kc, Deepak, 2017 |
| Sakai | 2005 | Síncrono e Assíncrono | Trabalhos, notas, feedback, colaboração, calendário, sondagens, testes | Abuhlfaia et al., 2018 |
| Canvas LMS | 2011 | Assíncrono | Documentos, tarefas, notas, questionário, comunicação, análise, ferramentas interactivas | Burrack et al., 2021 |

| TalentLMS | 2012 | Síncrono e Assíncrono | Notas, autenticação, comunicação, gamificação, calendário, relatórios, aulas virtuais | Agarwa et al., 2019 |
| Google Classroom | 2014 | Assíncrono | Documentos, correio eletrónico, calendário | Zulkifli et. al, 2021 |

Tabela 3.7 : Sítios de cursos em linha desenvolvidos ao longo dos anos.

| Curso online Sítios | | | | |
| --- | --- | --- | --- | --- |
| ALISÃO | 2007 | Assíncrono | Certificados, diplomas, cursos, testes, webinars | https://alison.com/ |
| Udemy | 2010 | Assíncrono | Aulas em vídeo/áudio/texto, questionário, certificado, notas, tarefas | Cetina et al., 2018 |
| Udacity | 2012 | Assíncrono | Vídeos, certificados, material de texto, | Anyatasia et al., 2020 |
| Coursera | 2012 | Síncrono | Notas, questionários, trabalhos, feedback, certificados, vídeos, testes, leituras | Bates, Tony 2019 |
| edX | 2012 | Assíncrono | Avaliação, cursos, debate, certificados, laboratórios em linha | Parry et al., 2012 |

Os avanços tecnológicos estão a fazer parte das escolas mais do que nunca. Os sistemas de e-learning são desenvolvidos, incluindo materiais didácticos, testes e serviços, com o objetivo de aumentar a qualidade da aprendizagem, simplificando a utilização de ferramentas e instalações e permitindo a partilha e a cooperação à distância. Safsouf et al. (2020) concentram-se na satisfação dos estudantes com as plataformas de aprendizagem eletrónica e apresentam um quadro científico que incorpora vários aspectos para explicar melhor a experiência dos estudantes com as plataformas de aprendizagem eletrónica. Os resultados revelaram que a variedade de exames, a versatilidade do currículo, a ligação pessoal, a expetativa de desempenho e a satisfação do utilizador têm um impacto benéfico na satisfação dos estudantes.

Pham et al. (2021) demonstram como o surto mundial de Covid-19 teve impacto e revelou uma nova perspetiva para as instituições de ensino relativamente aos benefícios das plataformas de e-learning. Descrevem os antecedentes e o progresso do e-learning no ensino superior antes da pandemia no Vietname, abordam a forma como esta afectou o ensino superior, bem como a forma como as instituições se estão a adaptar a esta nova situação. Destacam também várias abordagens potenciais para a utilização de plataformas de aprendizagem eletrónica no ensino. De igual modo, segundo Agarwal, Avani, et al. (2021), as plataformas de aprendizagem eletrónica são, de longe, a iniciativa mais promissora, na medida em que proporcionam efetivamente conhecimentos aos estudantes. No seu inquérito, avaliam a eficácia e a aceitação das tecnologias de e-learning entre os estudantes, examinando a utilização de plataformas de e-learning como o Zoom, o Google Classroom e o Microsoft Teams nas escolas. De acordo com os resultados das avaliações, os alunos afirmam que pretendem que algumas características das tecnologias de aprendizagem eletrónica sejam utilizadas no seu ensino quotidiano na sala de aula.

Estudos anteriores centraram-se na teleconferência no âmbito de uma sala de aula inteligente. Xie W et al. (2001) desenvolveram uma sala de aula inteligente para tele-educação. Os educadores podiam escrever num quadro multimédia do tamanho de uma parede utilizando apenas as mãos, ou discursos e gestos para levar a cabo a discussão na turma, incluindo os alunos remotos. Yuanchun et al. (2003), os sistemas de comunicação multimédia permitiram que estudantes e educadores que se encontravam em vários locais participassem de forma síncrona durante a aula. Os educadores utilizaram várias modalidades naturais no momento de interagir com os alunos à distância, de modo a obter o resultado exato de estar numa sala de aula com alunos fisicamente presentes. No entanto, Pishva et al. (2008) oferece uma visão geral das tecnologias utilizadas nas salas de aula inteligentes no que respeita ao ensino à distância, classificando as salas de aula inteligentes em quatro categorias diferentes e analisando o tipo de tecnologias utilizadas no seu processo de implementação. Durante o mesmo ano, Suo, Y. et al. (2008) desenvolveram uma sala de aula virtual interactiva em tempo real com tele-educação que pode ser utilizada através dos dispositivos móveis dos alunos, conhecida como Open Smart Classroom.

São várias as vantagens que as plataformas de e-learning introduziram nas aulas inteligentes. Foi demonstrado que as crianças que passam muito tempo nestas plataformas estão mais empenhadas e obtêm melhores notas porque modificam a sua perceção do trabalho escolar (Benta et al., 2015). Os alunos parecem estar mais activados pela forma como estas plataformas funcionam e conseguiram fazer as tarefas que tinham e criar um sentido de responsabilidade em relação às suas submissões, bem como completar algumas actividades difíceis (Benta et al., 2014). Os alunos também afirmaram que este tipo de ambiente os intrigava a participar em aulas extra e seminários. Além disso, os instrutores consideram-no uma aplicação útil que os ajuda a utilizá-lo para questões administrativas e para carregar dados. Os educadores podem submeter conteúdos de cursos, exercícios e palestras que estão acessíveis aos alunos sempre que quiserem, permitindo-lhes aprender ao seu próprio ritmo. Também podem acompanhar o desenvolvimento de cada aluno de forma independente e utilizar recursos para avaliação. A duplicação de tarefas também pode ser evitada utilizando as ferramentas de plágio normalmente fornecidas nas plataformas de e-learning.

Muitas vezes, a IA é introduzida em plataformas de E-learning para maximizar a experiência de aprendizagem dos estudantes através da utilização de sistemas educativos adaptativos. Estes últimos podem adaptar-se às necessidades individuais e oferecer apoio à medida de cada aluno, com o objetivo de ajudar os alunos a atingir os seus objectivos individuais da melhor forma possível, de acordo com as suas personalidades e características (Khalid et al., 2017). Para o efeito, os sistemas educativos adaptativos utilizam o perfil do aluno para diagnosticar as características e capacidades individuais, o modelo ensinado para apresentar o material de aprendizagem e o modelo instrucional para formular o conteúdo de forma dinâmica e adaptativa. A eficiência dos sistemas educativos adaptativos prova a capacidade da IA para ajudar a aprendizagem de múltiplas formas (Durlach, 2012). Para além de apoiar a aprendizagem adaptativa, a IA é também utilizada noutros aspectos do processo de aprendizagem. Por exemplo, os algoritmos de processamento da linguagem natural (Chowdhary, 2020) são frequentemente utilizados para identificar o plágio e evitar a transcrição nos trabalhos apresentados pelos alunos (Chong et al., 2010). Além disso, as capacidades avançadas de pesquisa de dados permitem a extração e indexação de quantidades maciças de dados em faculdades e grandes instituições académicas (Hersh, 2021). Nalguns casos, os dados relacionados com a tomada de notas e os debates entre pares são analisados para indicar eventuais mal-entendidos ou mesmo interesses dos alunos, sendo depois devolvidos aos professores como um resumo de cada participante (Diwanji, 2018).

A influência da pandemia do coronavírus no sistema educativo tradicional tem sido uma questão importante para o mundo durante os últimos dois anos. Estamos no limiar da educação inteligente, graças à disponibilidade de salas de aula à distância. As salas de aula à distância são tecnologias de aprendizagem à distância que permitem aos alunos que não estão efetivamente presentes nas aulas participar nos seus estudos (Hiltz et al., 2005). A acessibilidade é uma das vantagens das aulas à distância, uma vez que alguns alunos não têm acesso adequado aos recursos escolares, quer devido ao facto de se encontrarem num local remoto, quer devido a deficiências cognitivas. Os programas de ensino à distância permitem aos alunos estudar e progredir num ambiente seguro e favorável ao seu sucesso, ao mesmo tempo que proporcionam flexibilidade (2020, Francisco). Os alunos podem escolher quando, onde e como estudam, determinando a hora, o local e o meio para a sua educação. Outra vantagem é o facto de os alunos mais fracos poderem estudar ao seu próprio ritmo, uma vez que não são obrigados a acompanhar os seus pares, e também podem rever um curso quantas vezes quiserem. Os educadores podem ainda monitorizar os alunos e alterar os seus cursos para satisfazer as necessidades de cada indivíduo utilizando a tecnologia (Jackson, 2019).

A aprendizagem síncrona remota tornou-se um método crucial de ensino à distância, permitindo a transmissão das instruções do formador através da tecnologia. Existem muitas aplicações em linha que proporcionam uma experiência de aprendizagem eletrónica única, como o Zoom Cloud Meeting, o Microsoft Teams, o Skype, o Google Classroom, etc. Durante a aprendizagem síncrona remota, a voz do educador é transmitida através de altifalantes, pelo que, quando a voz do educador é relativamente baixa, o volume do altifalante pode ser aumentado, mas numa sala de aula síncrona remota inteligente existem vários altifalantes cujo volume tem um controlo de nível automatizado e, consequentemente, não é necessário afetar um representante dos alunos ou pessoal de apoio adicional para ajustar o volume do altifalante quando a voz do educador é considerada baixa (Jayahari et al., 2017). A tecnologia de aprendizagem síncrona num ambiente inteligente pode envolver áudio unidirecional (radiodifusão), áudio-vídeo unidirecional juntamente com comunicação escrita bidirecional (grupos de discussão, salas de conversação, correio eletrónico, etc.) e áudio-vídeo bidirecional (sistemas de videoconferência) (Cai et al., 2017).

No entanto, na aprendizagem assíncrona remota, as interações entre alunos e educadores incluem a componente de partilha de ficheiros através de uma plataforma (Cruz et al., 2021). Algumas das aplicações online que podem ser utilizadas na aprendizagem assíncrona remota são a aplicação Quizizz para autoavaliação, a gravação de vídeos no Zoom, no YouTube ou de diapositivos com áudio e os sistemas de gestão da aprendizagem, como o Moodle. A aprendizagem assíncrona remota é utilizada em diferentes casos como, por exemplo: (a) estudantes em vários fusos horários e (b) estudantes com Internet lenta ou várias dificuldades técnicas (Wasdahal et al., 2020). Para a próxima geração de aprendizagem assíncrona remota inteligente, tirar partido dos serviços 5G permitirá a partilha de uma vasta área de recursos, bem como a distribuição dos conteúdos em áreas sem acesso à Internet (Cruz et al., 2021).

Para explorar a eficácia da aprendizagem à distância, Fitter et al. (2020) realizaram um estudo, no qual foram comparadas três formas diferentes de aprendizagem: presencial, através de ferramentas de teleconferência e através de um robô de telepresença, que é um sistema capaz de realizar conferências de áudio e vídeo bidireccionais e de navegar num ambiente distante. Os autores constataram que a utilização de um robô de telepresença levou os alunos a sentirem-se mais presentes na sala de aula remota, a serem mais conscientes de si próprios e a expressarem mais facilmente a sua opinião. Por outro lado, apesar de os educadores que participaram na investigação acima mencionarem que preferiam a aprendizagem presencial, escolheram o robô de telepresença em vez das ferramentas de teleconferência para a sala de aula à distância. Adicionando mais ferramentas à investigação acima, Cajun, Xi e Zhenzhou (2021) sugerem a utilização de big data e computação em nuvem para capturar e processar os dados que devem ser apresentados em tempo real na sala de aula remota. Por conseguinte, pode concluir-se que a IA constitui a base da sala de aula inteligente moderna, que pode maximizar a aprendizagem e torná-la uma responsabilidade partilhada e pessoal

A IA ocupa um lugar importante na sala de aula à distância através dos Sistemas Tutores Inteligentes (STI), que são sistemas de software complexos e integrados que utilizam os métodos da IA para resolver os problemas e satisfazer as necessidades do ensino e da aprendizagem. Estes sistemas permitem reconhecer o nível de conhecimentos do aluno e sugerir estratégias de aprendizagem, para aumentar ou corrigir os conhecimentos dos alunos. São criados para apoiar e melhorar o processo de ensino e aprendizagem de forma personalizada, respeitando a individualidade do aluno (Soares & Jorge, 2013).

As tecnologias de IA podem dar aconselhamento, assistência ou avaliação individualizados, adaptando o material educativo aos comportamentos de aprendizagem ou ao nível de conhecimento de cada aluno (Hwang et al., 2020). Os sistemas de IA poupam tempo aos educadores ao responderem às perguntas básicas e repetidas dos alunos em ambiente de sala de aula remota, permitindo-lhes dedicar tempo a exercícios mais difíceis ou comunicar e interagir com eles. Ao descodificar as estatísticas da atividade dos utilizadores, a análise da IA dá aos educadores a capacidade de compreender melhor o comportamento, o crescimento e a perspetiva dos seus alunos.

As tecnologias de IA fornecem excelente assistência para salas de aula remotas, personalizando a aquisição de conhecimento, otimizando atividades mundanas para educadores e gerando avaliações adaptáveis (Seo et al., 2021). O envolvimento dos alunos e dos educadores (incluindo a conversação, a assistência e a assiduidade) tem uma influência significativa na experiência e no desempenho dos alunos em aulas à distância. Por conseguinte, compreender a forma como os educadores e os estudantes sentem a influência dos sistemas de IA nas suas interações é fundamental para detetar quaisquer inadequações, problemas ou restrições que estejam a limitar as aplicações de IA de alcançar o seu objetivo desejado e a pôr em perigo a segurança destas relações. As ferramentas de IA têm sido elogiadas por aumentarem a quantidade e a qualidade da interação, oferecendo uma assistência equitativa e individualizada para contextos vastos e aumentando o sentimento de ligação.


### 3.2.5 Todos os ecrãs

All Screen refere-se à capacidade de projetar multimédia, incluindo áudio, fotografias e filmes, em vários ecrãs, como televisores e smartphones. A comunicação entre máquinas é frequentemente efectuada através do espelhamento de ecrã e de um segundo ecrã. O espelhamento de ecrã permite aceder e visualizar a mesma imagem ou vídeo em dois ou mais ecrãs, enquanto o segundo ecrã obriga a visualizar conteúdos distintos em cada um deles (Brudy et al., 2019). O espelhamento pode ser efectuado imediatamente através de uma ligação com ou sem fios. O espelhamento de ecrã é valioso, uma vez que pode melhorar a conetividade entre um telemóvel e um dispositivo diferente, como as televisões inteligentes (Ouyang & Zhou, 2018). Assim, a introdução de gestos tácteis, com botões virtuais no ecrã, é uma técnica frequente para interagir com os ecrãs (Ouyang, Zhou & Xiang, 2021). Infelizmente, podem ocorrer problemas técnicos devido ao facto de alguns dispositivos não se poderem ligar a outros dispositivos, restringindo a utilização de todos os ecrãs (McGill, Williamson & Brewster, 2014).

Há várias vantagens que todos os ecrãs podem proporcionar a uma turma inteligente. Para começar, apenas o espelhamento de ecrã sem fios torna a ligação entre os dispositivos dos professores e dos alunos simples e fiável (Ellern, 2018). O projetor tem um melhor desempenho em condições de pouca luz, porque as imagens são mais claras e nítidas, o que pode causar cansaço nos alunos e criar dificuldades na cópia dos apontamentos. Naturalmente, o som produzido pelo projetor pode ser irritante e distrair os alunos. As desvantagens acima referidas podem ser atenuadas se os tutores utilizarem tecnologia de sala de aula inteligente para visualizar a informação educativa em todos os ecrãs. Desta forma, o material projetado é mais claro e promove tarefas interessantes. Os cursos podem começar e prosseguir sem quaisquer perturbações causadas por problemas de cabos e, uma vez que não existe uma ligação física entre o dispositivo e o ecrã, os educadores já não estão acorrentados aos seus lugares (Sahlström et al., 2019). Podem deslocar-se e lecionar o curso a partir de qualquer lugar que desejem. Podem estabelecer contacto com os alunos que, de outra forma, se sentariam no fundo da sala ou evitariam envolver-se.

### 3.2.6 Sala de aula invertida

A sala de aula invertida é considerada uma das pedagogias mais recentes que se centra na aprendizagem ativa, incluindo a utilização da tecnologia como intermediário no ensino e na aprendizagem (Rahman et al., 2014). O termo "sala de aula invertida" foi mencionado pela primeira vez por

Lage et al. (2000) consideram que "Inverter a sala de aula significa que os eventos que tradicionalmente têm lugar dentro da sala de aula, têm agora lugar fora da sala de aula e vice-versa". Por outras palavras, a sala de aula invertida é uma técnica educativa de aprendizagem mista que envolve elementos de um curso em linha e de uma sala de aula tradicional. Em anos anteriores, o processo de mudança de uma sala de aula tradicional para uma sala de aula invertida podia ser um desafio devido à falta de acessibilidade à Internet, de modelos eficazes e de instalações.

No entanto, atualmente, o conceito de "inverter a sala de aula" tornou-se popular devido aos avanços tecnológicos. O termo "Flip" tem quatro elementos: F-Ambiente flexível, L-Cultura de aprendizagem, I-Conteúdo intencional e P-Educador profissional, que são importantes de serem alcançados pelo instrutor numa sala de aula tradicional e numa sala de aula inteligente (Ozdamli et al., 2016).

A sala de aula invertida centra-se mais no aluno e, por isso, caracteriza-se como um complemento valioso para uma sala de aula inteligente (Ozdamli, 2016). Numa sala de aula invertida, os alunos devem preparar-se para a escola com antecedência e obter qualquer assistência adequada do educador durante o curso, dando-lhes a capacidade de serem responsáveis e de encontrarem uma forma de estudo que lhes seja adequada (Lai, 2016). Outra caraterística desta técnica é o facto de encorajar os alunos a procurar informação e a participar mais no que aprendem. Uma vez que este modelo permite uma organização diversificada da sala de aula, o instrutor pode apoiar cada aluno de forma independente e interagir mais, fazendo discussões sobre assuntos que lhes interessam. Também melhora as capacidades de colaboração dos alunos e outros talentos que adquirem uns dos outros, uma vez que podem interagir mais tempo do que normalmente fariam (Enfield, 2013). Muitos alunos podem ter dificuldades durante os cursos e, neste caso, a sala de aula invertida dá-lhes a possibilidade de estudarem as matérias com antecedência e de receberem assistência extra na escola, quer dos professores quer dos colegas. Além disso, os alunos de todas as capacidades podem beneficiar desta técnica porque a informação pode ser melhorada com base nas suas escolhas e crescimento pessoal (ver Tabela 3.8).

**Tabela 3.8 :** Papel do educador, papel dos alunos e benefícios pedagógicos numa sala de aula invertida.

| Benefícios pedagógicos | O papel dos educadores | Papel do estudante |
| --- | --- | --- |
| Promove o pensamento crítico e a criatividade (Vargas et al. 2018). | Atuar como guia para facilitar a aprendizagem (Johnson & Renner,2012). | Assistir a vídeos de palestras antes da aula e depois a preparação da aula (Milman, 2012). |
| Reforça a autonomia, aumentando tanto a sua motivação e interesse pela aprendizagem. | Tornar a aprendizagem individual para cada aluno (Schmidt & Ralph, 2014). | Ser capaz de aprender à sua própria velocidade de aprendizagem (Ozdamali 2012). |
| Incentiva o trabalho de equipa colaborativo. | Poder partilhar vídeos de palestras como meio de atividade na aula (Bishop &Verleger, 2013). | Interagir com os seus amigos e educador. Participar em trabalhos de equipa (Formica, Easley, & Spraker, 2010). |
| Aumenta o desempenho académico (Pozo Sanchez et al.2019). | Criar debates interactivos (Millard, 2012). | Dar e receber feedback (Tucker, 2012). |

Lo, Hew e Chen (2017) acreditam que a IA tem um grande potencial na abordagem da sala de aula invertida, pois pode permitir a personalização e a adaptação do processo de aprendizagem às necessidades dos alunos. Além disso, de acordo com Shan e Liu (2021), a sala de aula invertida pode transformar educadores e alunos em instrutores de aprendizagem e alunos autónomos, respetivamente. Shan e Liu

(2021) sugerem um modelo de Ensino Híbrido de Inteligência Artificial e Sala de Aula Invertida, que combina big data, nuvem e aplicações online para implementar uma aprendizagem abrangente e individualizada. Neste quadro, a tecnologia de aprendizagem adaptativa pode adaptar-se automaticamente aos diferentes perfis de aprendizagem dos alunos, o progresso dos alunos pode ser registado através da recolha contínua de dados, as aulas e os recursos podem ser partilhados através de plataformas de ensino inteligentes, resultando num aumento do interesse, do envolvimento e da aprendizagem dos alunos. Tangkittipon et al. (2020) sugerem uma abordagem alternativa, que inclui a implementação de um chatbot que deve ser integrado na sala de aula invertida, devido ao aumento da motivação dos alunos. Os autores acreditam que o programa de resposta automática acima referido pode ajudar os alunos, fornecendo respostas mesmo para problemas complexos, incentivando assim os alunos a participar na sala de aula invertida. Com base no que precede, parece que a sala de aula invertida baseada na IA pode aumentar o potencial de aprendizagem dos alunos.

A preparação dos alunos em casa é uma componente fundamental das aulas invertidas. Descobriu-se que tanto os alunos como os educadores utilizam a inteligência artificial, como os chatbots ou os assistentes de ensino, por razões de preparação. Os alunos parecem preferir instrutores digitais baseados em IA para tarefas porque são mais personalizados e adaptáveis (Diwanji, 2018). Os estudantes podem utilizar chatbots e bots especialmente para praticar diferentes línguas em casa (Fryer et al., 2017). Além disso, os bots ajudam os professores a gerir o curso, respondendo a qualquer dúvida que os alunos possam ter ou inspirando-os a terminar os trabalhos de casa (McNeal, 2017). De antemão, os chatbots utilizam abordagens de inteligência artificial e armazenam quaisquer estatísticas relativas a cada aluno, incentivam-nos a esforçarem-se mais de uma forma simpática e alertam os professores para o desempenho que têm (Pereire e Juanan, 2016). Os alunos que possam enfrentar condições específicas podem ser assistidos através de chatbots que utilizam vocais, algo que é possível graças à IA (Jean-Charles, 2018). A ciência dos dados, ou seja, a ciência que lida com os dados e as características que deles podem ser extraídas, é ainda utilizada para ajudar os educadores a responder imediatamente, tomando decisões rápidas.

### 3.2.7 Sala de aula virtual

De acordo com Fernando Batista et al. (2020), as salas de aula virtuais abrem novas oportunidades de aprendizagem, pois permitem que educadores e educandos interajam de forma a potencializar e enriquecer a experiência de um processo de aprendizagem diferenciado. Assim, a investigação tem demonstrado que a sala de aula virtual é benéfica para os alunos porque está relacionada com o desenvolvimento de capacidades importantes, que constituem pré-requisitos para uma aprendizagem eficaz (Greenwald et al., 2017). Kuznetcova, Lin e Glassman (2021) postularam que a diminuição da presença do educador, que tem sido considerada por alguns pesquisadores como uma deficiência da sala de aula virtual (Xu & Jaggars, 2013), pode beneficiar os alunos, pois os leva a desenvolver uma sala de aula democrática e liderada pelos alunos.

Kuznetcova, Lin e Glassman (2021), que realizaram um estudo quasi-experimental, concluem que os alunos em salas de aula virtuais com educadores que apoiam a autonomia dos alunos podem alcançar uma aprendizagem auto-regulada, independente e ativa, enquanto a sua satisfação com a experiência de aprendizagem pode aumentar. Do mesmo modo, Martin, Parker e Oyarzun (2013) sublinham o aumento da satisfação dos alunos em salas de aula virtuais, onde são utilizadas ferramentas interactivas e de comunicação. Martín-Gutiérrez et al. (2017) acrescentam ao estudo anterior que a sala de aula virtual tem muitas vantagens porque pode melhorar uma experiência da vida real e permitir que os alunos explorem novos domínios. Desta forma, como defendem os autores acima referidos, a sala de aula virtual pode melhorar o desempenho académico dos alunos, bem como as suas competências sociais e de colaboração. Assim, parece que a sala de aula virtual pode ser uma fonte de maior aprendizagem e satisfação para os alunos.

Nos anos anteriores, a sala de aula virtual era considerada como um sistema virtual de ecrã montado na cabeça (HMD). A sala de aula virtual envolvia um ambiente retangular padrão de uma sala de aula composta por três filas de secretárias, um quadro negro na parede da frente, uma secretária para o educador na frente, um educador virtual entre o quadro negro e a secretária, uma grande janela com vista para um parque infantil com edifícios à esquerda da parede, pessoas, veículos e, em cada extremidade da parede, há um par de portas em frente à janela através das quais ocorre a atividade (Rizzo et al., 2000). No entanto, uma sala de aula virtual inteligente da próxima geração inclui tecnologias educativas altamente especializadas, como a IA, a RV, a RA e quaisquer dispositivos computacionais inteligentes com IoT, que estão ligados para criar um ambiente inteligente eficaz de sala de aula virtual, proporcionando a transmissão de conhecimentos em qualquer lugar e a qualquer momento através de acesso remoto.

Ren e Xu et al. (2002) afirmam que as aulas inteligentes podem ser consideradas como aulas virtuais em que o quadro negro é substituído por um ecrã, os alunos são vistos através da plataforma utilizada para o curso em linha e existem outras características semelhantes às de uma sala de aula física. As salas de aula virtuais são amplamente populares como sistemas de e-conferência ou de web-conferência que permitem comunicações em tempo real com vários utilizadores que podem interagir simultaneamente uns com os outros através da Internet para realizar seminários e reuniões, orientar discussões, fazer demonstrações e apresentações e realizar outras funções (Martin et al., 2014).

A sala de aula virtual inteligente deve oferecer todas as possibilidades oferecidas por uma sala de aula tradicional e pode oferecer mais possibilidades, como a partilha de aplicações, jogos educativos, técnicas de realidade aumentada, laboratórios virtuais, sistemas interactivos de tutoria inteligente, etc. Além disso, as salas de aula virtuais inteligentes permitem que os professores e os alunos comuniquem de forma síncrona através de funcionalidades como a conversação por texto, o vídeo, o áudio, a partilha de aplicações e o quadro interativo, em vez de uma sala de aula tradicional, em que os professores comunicam com os seus alunos através do horário de expediente, do telefone, de ferramentas electrónicas de comunicação e do correio eletrónico. Por outras palavras, a sala de aula virtual inteligente oferece uma forma alternativa e interactiva de aprendizagem, pelo que a teleconferência é mais interessante e, ao mesmo tempo, aumenta a motivação dos alunos.

O desenvolvimento de uma presença em linha na sala de aula virtual inteligente é crucial para o sucesso dos alunos. Se um aluno que está a ter uma aula em linha sentir que o seu educador não está presente e que não lhe é dado feedback atempado, é menos provável que assuma um papel ativo durante o curso. No entanto, um tutor virtual inteligente numa sala de aula virtual inteligente pode oferecer a sua ajuda aos estudantes à distância como forma de melhorar a sua compreensão do conteúdo, para incentivar a interação entre os estudantes à distância e o tutor. Além disso, os estudantes à distância podem apresentar-se sob a forma de avatares que permitem "aos estudantes ter uma personalidade visível" num mundo virtual, dando-lhes a oportunidade de participar em experiências imaginárias e surreais que ultrapassam o mundo em que vivem atualmente (Deuchar & Nodder, 2003). A IA pode também ajudar a reconhecer as acções dos alunos durante o curso, sincronizando os movimentos do avatar na aula virtual com os movimentos reais dos alunos no local físico.


A tecnologia de IA pode ainda ser incorporada nas aulas virtuais e prestar assistência aos educadores, uma vez que este tipo de ambiente é mais difícil, pois exige respostas imediatas e o controlo de uma turma inteira que não está fisicamente presente. O Differ é um programa de bot que gera e propõe imediatamente grupos de alunos e inicia conversas de grupo através de mensagens no fórum. Ajuda os alunos a realizar as actividades com antecedência, dando conselhos e ideias através de mensagens que fornecem orientações para a realização das tarefas (Differ, 2017). Estes procedimentos baseiam-se no processamento de linguagem natural e utilizam a aprendizagem automática para se poderem ajustar a diferentes situações. Através da utilização de tecnologia de inteligência artificial, a comunicação entre os alunos durante as aulas, incluindo os dados capturados para os seus exames e questionários, pode ser altamente instrutiva (Tissenbaum et al., 2016). Estas plataformas em linha podem fornecer aos educadores uma visualização dos dados, dando informações sobre o estado atual da turma, incluindo os resultados individuais dos alunos (Vatrapu et al., 2011).

### 3.2.8 Gémeos digitais

Michael Grieves (Grieves, 2015) define Digital Twin - DT como um sistema de informação digital que corresponde a um objeto físico, funciona como um sistema independente e está associado a esse sistema físico. Num cenário ideal, a representação digital utilizaria todos os dados necessários sobre os componentes do sistema que poderiam ser obtidos através de uma investigação exaustiva no mundo real (Grieves, 2015). Glaessgen e Stargel (2012) fornecem uma definição mais completa e amplamente apoiada: *"Um gémeo digital é uma simulação probabilística completa da função de um produto composto que utiliza os melhores modelos naturais disponíveis, tecnologia de sensores, etc., para refletir o funcionamento do produto físico ao longo da sua vida."*

Uma ligação entre o DT e a educação é apresentada por Madni et al. (2019). O estudo descreve uma estratégia educacional eficaz que emprega a tecnologia de gêmeos digitais para transformar o ensino típico em experiências de "aprender a praticar" em um laboratório de engenharia. O objetivo desse processo foi examinar se os alunos podem ter as mesmas experiências de aprendizagem, em uma plataforma de simulação de laboratório utilizando gêmeos digitais, com as experiências que teriam em um ambiente real. Vikhman et al. (2021) investigam as perspectivas da tecnologia de gémeos digitais na educação, bem como as dificuldades de a implementar em tempo real. Para alcançar a inovação e a transformação digital na educação, os autores afirmam que uma grande variedade de tecnologias de rede deve ser implementada. Os autores levantam a questão do impacto que esta tecnologia terá na sociedade, apesar de não ter sido amplamente utilizada nas escolas.

O artigo de Furini et al. (2022) analisa um problema da educação moderna, em que os sistemas educativos não evoluíram em paralelo com o aluno médio. Com a ajuda das TD, os autores acreditam que pode ser criado um modelo de aprendizagem personalizado. Os DT dos alunos serão capazes de compreender as lacunas ou fraquezas dos alunos e concentrar-se nas áreas que precisam de ser melhoradas, propondo as soluções necessárias, dependendo do carácter do aluno. No entanto, este artigo não aborda as formas de ligar os alunos ao seu gémeo digital, nem como é possível fazer essa ligação. Refere-se apenas à forma como o aluno pode beneficiar da sua dupla digital, um trabalho que pode ser proposto por um conselheiro qualificado. A aprendizagem personalizada tornou-se um tema de estudo nos últimos anos, e não requer apenas a ajuda da tecnologia (Major & Francis, 2020). No entanto, este artigo menciona muitos dos problemas que esta tecnologia poderia resolver (como o ensino à distância moderno, a criação de uma sala de aula virtual, etc.) e os requisitos da tecnologia que as instituições educativas modernas devem incorporar. A investigação futura poderá centrar-se na experiência de sala de aula com gémeos digitais, que pode envolver tanto trabalho de equipa como trabalho individual. A experiência em laboratório pode fornecer informações mais aprofundadas sobre o processo de desenvolvimento do sistema e a evolução do seu comportamento. Desta forma, os alunos podem continuar a adquirir conhecimentos importantes ao longo do ciclo de vida do sistema.

David, Lobov e Lanz (2018) examinaram a integração da tecnologia de gémeos digitais na educação no âmbito da teoria da aprendizagem experiencial de Kolb (1984). Neste modelo concebido no contexto do ciclo de aprendizagem experiencial de Kolb, na primeira fase o aprendente é passivo, e o educador fornece os passos que devem ser seguidos ao longo da interface. Na segunda fase, o educador actua como um guia, os aprendentes tornam-se activos e trabalham num ambiente virtual criado com a tecnologia de gémeos digitais. Após a segunda etapa, temos a etapa de aplicação dos conhecimentos e habilidades adquiridos pelos aprendizes. Imediatamente após este processo, em que o educador inicia o processo de avaliação, segue-se a fase de medição e avaliação. Com base na tecnologia de gémeos digitais, os aprendentes têm a oportunidade de praticar mais e de experimentar mais situações. Além disso, David, Lobov e Lanz (2018) indicam que, com este modelo, as mudanças no mundo físico podem refletir-se diretamente nos objectivos de aprendizagem.

Os cursos em linha abertos e maciços oferecem experiências de aprendizagem para alargar as capacidades do seu público. Pode ser recolhida uma grande quantidade de dados sobre os interesses, necessidades e experiências dos alunos que frequentam estes cursos oferecidos por fornecedores de cursos em linha. Estes dados recolhidos sobre os alunos podem ser processados através da tecnologia de gémeo digital assistida por IA para criar concepções pedagógicas adaptativas personalizadas e serem utilizados no processo de feedback. Além disso, com a tecnologia gémea digital individualizada, podem ser criados amigos virtuais de aprendizagem para fazer a mediação entre os interesses e as experiências dos indivíduos e os seus objectivos de aprendizagem e, assim, a experiência de aprendizagem pode ser enriquecida.


### 3.3 Avaliação de desempenho

A avaliação do desempenho e o feedback são uma tarefa educativa muito importante, pois podem apresentar o progresso e as realizações dos alunos, resultando na descoberta de novas tendências de aprendizagem (Zughoul et al., 2018). Por outro lado, a avaliação do desempenho dos educadores é também muito importante como forma de salvaguardar a qualidade das actividades de ensino. Embora tradicionalmente a avaliação/previsão do desempenho fosse um processo bastante complexo e moroso, tem sido extremamente facilitado através da avaliação automatizada num ambiente de sala de aula inteligente (Balfour, 2013), como exemplificado nas secções seguintes.

### 3.3.1 Avaliação/previsão do desempenho dos alunos inteligentes

A avaliação do desempenho dos alunos visa, por um lado, informar o educador sobre o grau em que os alunos aprenderam o conteúdo da aula e até que ponto se espera que tenham um bom desempenho no futuro e, por outro, classificar os alunos e dar-lhes feedback sobre o seu desempenho durante o processo de aprendizagem (Saini & Goel, 2019). Tradicionalmente, a avaliação do desempenho era efectuada através de exames escritos ou orais. No entanto, o método acima mencionado tem muitas desvantagens, uma vez que é um processo moroso e cansativo tanto para o educador como para o aluno, ao mesmo tempo que resulta em pilhas de papel e material de escrita desperdiçados (Parmar & Kumbharana, 2016). Além disso, quando a turma é constituída por um grande número de alunos, surgem dificuldades práticas na definição e condução do processo de avaliação, que se prolongam durante todo o processo de correção, avaliação e devolução dos trabalhos e testes aos alunos (Saini & Goel, 2019).

Em contrapartida, numa sala de aula inteligente, ferramentas específicas podem facilitar a avaliação/previsão do desempenho através da automatização da avaliação. A ferramenta mais fácil para avaliar os alunos numa sala de aula inteligente é o emprego de perguntas de escolha múltipla, que permitem uma avaliação e um feedback automatizados, com a ajuda de um servidor Web em linha que compara as respostas dos alunos com a resposta correcta configurada (Balfour, 2013). Uma aplicação importante da IA na avaliação dos estudantes é a verificação do plágio, sendo o Turnitin uma ferramenta frequentemente utilizada (Ahmed, 2015). Bhatia e Kaur (2021) acrescentam uma ferramenta inovadora de avaliação/previsão do desempenho baseada na tomada de decisões da teoria dos jogos quânticos (QGT). Esta ferramenta incorpora a IoT para recolher informações e dados sobre os estudantes, que são avaliados através de uma plataforma informática, com o objetivo de analisar o desempenho e determinar a melhoria académica dos estudantes.

Estudos anteriores abordaram o problema da introdução da aprendizagem automática inteligente para a previsão automática do desempenho dos alunos. Muitas técnicas de aprendizagem automática, como redes neurais artificiais, árvores de decisão, factorização matricial, modelos gráficos probabilísticos e filtros colaborativos, têm sido utilizadas para estabelecer algoritmos de previsão. No entanto, não é claro qual, entre os diferentes modelos de máquina, alcança o melhor desempenho, uma vez que diferentes autores demonstraram resultados contraditórios relativamente à precisão da previsão do modelo (Ofori et al., 2020). Amra e Maghari (2017) promoveram um sistema que fornece previsões sobre o desempenho futuro de estudantes do ensino secundário com base em vários atributos. Compararam dois algoritmos de aprendizagem automática distintos: K-Nearest Neighbors (KNN) e o classificador Naïve Bayes. Os resultados apresentados indicaram que o modelo de Naïve Bayes superou o modelo KNN. Waheed et al. (2020) propõem um sistema de previsão do desempenho académico dos estudantes num ambiente virtual de aprendizagem. O seu sistema utilizou redes neuronais artificiais para classificar os alunos em duas classes: insucesso e sucesso. Os autores fizeram uma comparação dos resultados utilizando métodos de base: regressão logística, máquinas de vectores de suporte e Redes Neuronais Artificiais (RNA). O método RNA teve o melhor desempenho entre os modelos testados. Warschauer e Grimes (2008) propõem a avaliação automática de trabalhos de redação com recurso à inteligência artificial. Estudantes e educadores tiveram uma abordagem positiva (i.e., aumento da motivação dos estudantes, proposta de atividade autónoma dos estudantes, constituindo uma poupança de tempo para os educadores).

Durante a pandemia da COVID-19, as ferramentas de supervisão baseadas em IA registaram um aumento de popularidade à medida que as instituições procuravam formas inovadoras de realizar exames remotos (Labayen et al., 2021). Essas ferramentas, como Proctorio, ProctorU e Examity, utilizam algoritmos de aprendizado de máquina para analisar padrões e comportamentos dos participantes durante os exames online (Dadashzadeh et al., 2021). Ao monitorizar actividades como os movimentos dos olhos, as teclas premidas e o ruído de fundo, estes sistemas visam detetar potenciais comportamentos de batota e garantir a integridade do processo de avaliação. Embora controversas devido a preocupações com a privacidade e questões de precisão, as ferramentas de fiscalização baseadas em IA representam uma abordagem sofisticada à invigilação remota de exames, aproveitando os avanços na aprendizagem automática e na análise de dados para se adaptarem ao panorama em evolução da educação (Tweissi et al., 2022).

Normalmente, as ferramentas de controlo baseadas em IA utilizam as seguintes técnicas para detetar potenciais comportamentos de batota e garantir a integridade do processo de avaliação: (a) Seguimento dos olhos: Monitorização dos movimentos oculares do candidato para detetar quaisquer padrões invulgares ou sinais de batota, como olhar frequentemente para fora do ecrã. (b) Análise das teclas premidas: Analisar a velocidade de dactilografia, o ritmo de dactilografia e os padrões das teclas premidas para identificar irregularidades ou comportamentos suspeitos, como copiar e colar respostas. (c) Análise do ruído de fundo: Monitorização dos níveis de ruído de fundo para detetar quaisquer sons ou perturbações invulgares que possam indicar a presença de ajudas ou comunicações não autorizadas. (d) Reconhecimento facial: Utilização de tecnologia de reconhecimento facial para verificar a identidade do candidato e garantir que é a pessoa autorizada a realizar o exame e (e) Monitorização do browser: Acompanhamento da atividade do browser para detetar quaisquer tentativas de acesso a sites ou recursos não autorizados durante o exame.

As ferramentas de controlo baseadas em IA transmitem normalmente dados como padrões de teclas, movimentos oculares e níveis de ruído de fundo, em vez de transmitirem imagens ou vídeos reais do examinando. No que diz respeito às questões de exatidão, embora as ferramentas de controlo baseadas em IA representem uma abordagem sofisticada à vigilância remota de exames, pode haver desafios para garantir uma exatidão perfeita. Factores como variações no comportamento individual, falhas técnicas e factores ambientais podem afetar a fiabilidade destas ferramentas. A melhoria e o aperfeiçoamento contínuos dos algoritmos, juntamente com processos rigorosos de teste e validação, são essenciais para aumentar a exatidão dos sistemas de controlo baseados em IA.

Os sistemas de controlo centram-se na monitorização e análise do comportamento dos examinandos durante os exames, transmitindo dados relacionados com actividades como os movimentos dos olhos e as teclas premidas para garantir a integridade do exame. Em contraste, o sistema que propomos para reconhecer as acções dos alunos nas aulas em linha (ver Secção 3) transmite informações especificamente relacionadas com a participação comportamental e o desinteresse comportamental nas aulas em linha, como levantar as mãos ou escrever, dando ênfase à participação e não à integridade da avaliação.

### 3.3.2 Avaliação do desempenho do educador

A avaliação do desempenho do educador pode ser definida como um quadro utilizado numa sala de aula para avaliar o desempenho dos educadores, incorporando ferramentas tecnológicas para o efeito (Jensen, Emily, et al., 2020). Não são só os alunos que devem ser avaliados para melhorar os seus conhecimentos e competências, mas também os educadores. Os métodos de avaliação tradicionais baseiam-se geralmente na observação dos educadores por especialistas durante o tempo de curso, o que pode ser dispendioso, pouco preciso e, normalmente, o feedback fornecido é pouco frequente e está relacionado com o desempenho e não com a forma como os educadores podem melhorar as suas técnicas (Archer, Jeff, et al., 2016). Para ultrapassar este obstáculo crucial no desenvolvimento dos formadores, são utilizadas novas tecnologias para produzir feedback automático de alta qualidade e significativo para os formadores.

Bhatia et al. (2021) utilizam sistemas IoT em salas de aula para recolher informações relativas a alunos e educadores, a fim de identificar o seu progresso. Os dados recolhidos dos alunos dizem respeito a diferentes actividades dos alunos realizadas no ambiente escolar (por exemplo, desempenho académico, assiduidade, trabalho em equipa), enquanto os dados dos educadores dizem respeito à avaliação do seu desempenho (por exemplo, qualidade dos conteúdos, satisfação dos alunos, número de tarefas). Utilizando a abordagem de modelização Bayesiana, a informação recolhida é avaliada através de um dispositivo de computação em nuvem com o objetivo de determinar uma descrição quantitativa da probabilidade de sucesso. Além disso, esta medida de progresso é calculada ao longo do tempo a partir do desempenho dos alunos e dos educadores. Por fim, o seu progresso é analisado através da tomada de decisões quânticas para dois jogadores. Os resultados deste método são apresentados através de experiências efectuadas com quatro conjuntos de dados e comprovam a eficácia do método.

Srivastava et al. (2020) também utilizam sistemas IoT que recolhem dados durante as horas de aula e os processam utilizando modelos de aprendizagem automática e computação em nuvem. Além disso, os sistemas IoT apoiados por modelos de inteligência artificial, como a computação em nevoeiro, estimularam novos estudos neste domínio (Chang et al., 2017). A computação em nevoeiro é um ambiente adicional à nuvem que pode fornecer informações instantaneamente (Chiang et al., 2016). A combinação de IoT, Fog e computação em nuvem melhora as capacidades de muitos sistemas utilizados em instituições académicas. Além disso, a computação IoT-fog-cloud oferece uma aplicação importante para proporcionar uma experiência educativa inteligente e avaliar instantaneamente os estudantes e o educador.

Jensen, et al. (2020) conceberam um método para os educadores gravarem sem esforço as conversas e palestras numa sala de aula. Também utilizaram algoritmos de reconhecimento de voz e de aprendizagem automática para fornecer estimativas generalizadas, sob a forma de pontuações extraídas de computadores, de aspetos essenciais do discurso dos educadores. Especificamente, os autores avaliaram a qualidade de áudio das gravações dos educadores com uma classificação de A, B, C ou F. "A" denotava uma qualidade de gravação excelente, "B" denotava uma qualidade satisfatória com pequenos problemas de volume ou ruído de fundo, "C" denotava gravações com segmentos defeituosos e "F" denotava ficheiros de áudio que se perderam ou continham erros técnicos irreparáveis. Numa comparação com intérpretes humanos, observaram que os métodos automáticos eram relativamente precisos e que os erros de reconhecimento de voz tinham pouco efeito no desempenho. Por conseguinte, afirmam que a conversação real do instrutor pode ser capturada e avaliada para feedback automático. Os algoritmos automatizados também podem ser integrados num sistema de visualização dinâmica que oferecerá aos educadores o feedback necessário para o seu nível de discurso. A comparação refere-se à avaliação do desempenho real do orador, uma vez que estes algoritmos utilizam o reconhecimento de voz e a aprendizagem automática para fornecer estimativas generalizadas e pontuações extraídas de computadores, avaliando especificamente aspetos importantes do discurso do educador. Isso indica que o foco está na avaliação do conteúdo e da entrega do discurso do instrutor, e não apenas na qualidade técnica da gravação de áudio.

Além disso, o feedback oferecido aos educadores é adaptado ao seu "nível de discurso", o que sugere que se trata de avaliar a eficácia com que os educadores comunicam e interagem com os seus alunos durante as palestras e conversas na sala de aula. Em geral, estes algoritmos têm como objetivo fornecer um feedback valioso sobre a forma como os educadores dão as suas aulas e interagem com os seus alunos, ajudando-os a melhorar as suas capacidades de comunicação e eficácia pedagógica. A abordagem adoptada por Jensen, et al. (2020) considera apenas os recursos de áudio, pelo que não contempla os recursos visuais relacionados com a atividade do educador na sala de aula.

Jensen et al. (2021) também abordam a questão da conceção de um quadro para o feedback automático do educador que requer várias considerações sobre os processos de recolha de dados de áudio, a avaliação automática e a forma como o feedback é apresentado. Os autores empregam técnicas de aprendizagem automática, incluindo classificadores Random Forest, juntamente com a aprendizagem por transferência do algoritmo Bidirectional Encoder Representations from Transformers (BERT) para processamento de linguagem natural (PNL). O BERT, um modelo linguístico pré-treinado baseado na arquitetura de transformadores, é utilizado para alcançar uma compreensão contextual bidirecional da linguagem, permitindo-lhe captar relações contextuais intrincadas dentro das frases. Este modelo de aprendizagem profunda incorpora word embeddings, positional embeddings e segment embeddings para representar tokens de sub-palavras, as suas posições e distinções ao nível da frase, respetivamente. A entrada para os modelos Random Forest Classifier (RF) e Bidirectional Encoder

Representations from Transformers (BERT) consiste em enunciados transcritos. No classificador Random Forest, as características são derivadas utilizando uma abordagem de saco de n-gramas, que calcula contagens de palavras e frases (unigramas, bigramas e trigramas) a partir dos enunciados transcritos automaticamente. Durante a pré-treino, o BERT aprende representações contextuais resolvendo tarefas de modelação de linguagem mascarada (MLM) e tarefas de previsão da frase seguinte (NSP). Os resultados demonstram que o BERT oferece uma entrada superior e mais precisa em vários graus, tornando-o a técnica mais prática para fornecer feedback automático sobre o discurso do educador, ultrapassando o desempenho de outras técnicas de aprendizagem automática, como os classificadores Random Forest.

# Capítulo 4: Impacto das salas de aula inteligentes

Nesta secção, é analisado o impacto da sala de aula inteligente no processo de aprendizagem, ao mesmo tempo que são discutidas as desvantagens da utilização de tecnologias de sala de aula inteligente.

## 4.1 Vantagens da sala de aula inteligente

A instalação de equipamento especializado em salas de aula inteligentes permite aos educadores melhorar a aprendizagem dos alunos através da utilização de IA e de tecnologias emergentes. Isto oferece uma infinidade de benefícios, tais como:

**- Ambiente educativo confortável e seguro**

Os ambientes de aula inteligentes criam uma atmosfera criativa e confortável, na qual os alunos adquirem conhecimentos utilizando as suas próprias soluções alternativas e pontos fortes (Hébert, Thomas P., et al., 2014). A integração de sistemas de IA que processam dados recolhidos pela IoT e por outros sensores pode ajudar a monitorizar as circunstâncias da sala de aula, oferecendo também um ambiente seguro e amigo do ambiente. Além disso, esses sistemas também podem monitorizar os alunos e informar os educadores em caso de má conduta dos alunos ou de potenciais acidentes. Todas estas ferramentas e sistemas podem ser um trunfo valioso numa aula inteligente e, de um modo geral, contribuir para a criação de um ambiente de aprendizagem melhor e mais seguro.

**- Ambiente interativo**

A interação com o material didático pode ajudar a impulsionar a aprendizagem do aluno, a informação pode ser retida mais facilmente e a auto-eficiência pode aumentar (León et al., 2017). Os ambientes interactivos são também cruciais para os alunos com necessidades especiais. A interatividade melhorada oferecida nas aulas inteligentes ajuda os alunos a terem um papel ativo no processo de ensino, em vez de terem um papel passivo que causa perda de concentração e interesse. Além disso, o acesso a dispositivos interactivos, como os robôs inteligentes, pode aumentar o envolvimento do aluno, enriquecer o processo de aprendizagem com relevância e entusiasmo e, assim, resultar num conhecimento melhorado e sustentável (Belpaeme, Tony, et al., 2018).

**- Apoio pedagógico individualizado**

Lin et al. (2019) sugerem que um sistema inteligente ajustável pode ajudar os alunos, melhorar o processo de aprendizagem e promover uma quantidade considerável de aprendizes intelectuais. As salas de aula inteligentes e as tecnologias emergentes podem superar os problemas relacionados com a prestação de apoio atempado e individualizado aos alunos, através da utilização de aplicações inteligentes que respondem aos alunos e fornecem feedback automatizado imediatamente, fazem comparações relativamente ao desempenho atual e anterior dos alunos e motivam os alunos a tornarem-se mais responsáveis pela sua própria aprendizagem (Parmar & Kumbharana, 2016).

**- Melhor visualização**

Uma vez que uma sala de aula inteligente está equipada com tecnologias de visualização contemporâneas, que incluem quadros interactivos, projectores, auscultadores de realidade virtual/aumentada, câmaras e sensores, os alunos têm a capacidade de visualizar melhor o conteúdo que lhes é ensinado, melhorando assim a experiência de aprendizagem. Numa sala de aula inteligente, os alunos podem ser imersos em ambientes virtuais em linha utilizando auscultadores; consequentemente, as distracções são eliminadas e a atenção dos alunos é captada. Além disso, a mudança de perspetiva nas visualizações de realidade virtual permite que os alunos se tornem atores e não apenas observadores, transformando o processo de aprendizagem numa experiência altamente vivencial (Krüger et al., 2019).

**- Experiências Imersivas Multisensoriais**

Os espaços virtuais numa sala de aula inteligente assemelham-se a lugares reais, permitindo que os alunos tenham uma experiência imersiva e criem memórias reais. Além disso, ver, "tocar" e ouvir envolve mais sentidos no processo de aprendizagem e liga as matérias de aprendizagem de várias formas. Por conseguinte, uma apresentação enriquecida do material de aprendizagem e uma melhor visualização, que se assemelhe à realidade e envolva mais sentidos, melhora a experiência dos alunos e a aprendizagem torna-se sustentável (Lui & Slotta, 2014). Além disso, a motivação dos alunos é desencadeada, são fornecidos andaimes situados e a aprendizagem está ligada à vida quotidiana dos alunos (Bower et al., 2014) através de um processo de aprendizagem experimental.

**- Combinação de ensino síncrono/assíncrono**

As aulas inteligentes permitem a oferta de ensino síncrono e assíncrono através de. Desta forma, a aprendizagem pode tornar-se um processo duplo, que envolve actividades orientadas pelo educador e centradas no aluno em tempo real ou num momento à escolha do aluno (Beetham & Sharpe, 2013). Além disso, a combinação acima referida permite enriquecer a aprendizagem com a disponibilização de material extra, melhorar e reter conhecimentos através da interação mais prolongada dos estudantes com a matéria de aprendizagem, os educadores e os seus pares. Ao mesmo tempo, o estilo da sala de aula tradicional, que é oferecido em datas e horários programados, é mantido, o que permite manter os alunos atentos e alerta. Como resultado, a aprendizagem pode ser maximizada (Khalid et al., 2017).

**- Sistemas eficazes de frequência e supervisão dos alunos**

As salas de aula inteligentes fornecem análises de vídeo em tempo real aos educadores que pretendem reconhecer a participação comportamental e o desinteresse comportamental dos seus alunos (Michalsky, Tova, 2021). O emprego de ferramentas e aplicativos inteligentes, como câmeras, verificação de plágio e gravação, combinado com a coleta contínua de dados, permite que os educadores controlem a frequência dos alunos e os supervisionem tanto em sala de aula quanto durante as avaliações on-line (Saini & Goel, 2019). A monitorização dos alunos com equipamento especializado fornece um melhor feedback aos educadores no que diz respeito ao desempenho dos alunos na aula e, consequentemente, contribui para melhores resultados escolares.

## 4.2 Desvantagens das salas de aula inteligentes

Embora a implantação de tecnologias de classe inteligente tenha várias vantagens, existem vários problemas que impedem a utilização destas tecnologias, devido a várias limitações, tais como

**- Custo do equipamento**

O custo global do equipamento necessário para uma implantação global da classe inteligente é bastante elevado, impedindo assim a utilização generalizada das tecnologias de classe inteligente. Tendo em conta que o custo não se refere apenas à compra do equipamento e à instalação inicial, mas também à atualização e manutenção contínuas necessárias, a utilização da tecnologia de classe inteligente implica despesas de funcionamento significativas. Além disso, como todos os componentes de uma classe inteligente estão, de certa forma, desligados uns dos outros, não é fácil integrar todas as tecnologias num quadro comum, pelo que a tarefa de instalação do equipamento pode ser um processo moroso e demorado.

**- Conhecimentos tecnológicos prévios**

Muitos educadores não estão familiarizados com a tecnologia, enquanto alguns deles apenas se concentram na utilização de software habitual, como o Word, o PowerPoint, etc. Assim, os educadores podem deparar-se com dificuldades, ou podem necessitar de apoio técnico para a plena utilização das ferramentas emergentes e de inteligência artificial. Estes educadores precisam de formação adequada para apoiar a implementação bem sucedida de uma sala de aula inteligente com novas tecnologias.

### - Segurança e privacidade

As tecnologias tecnologicamente avançadas das aulas inteligentes, que incorporam capacidades de IA, estão ameaçadas por questões de segurança e privacidade, porque armazenam e processam dados que podem conter informações pessoais e sensíveis que podem ser expostas a potenciais invasores (Manca et al., 2016). Além disso, os sensores utilizados nas aulas (ou seja, sensores de câmaras ou microfones), frequentemente utilizados como parte das ferramentas tecnológicas das aulas inteligentes, estão associados a problemas de privacidade.

### - Preconceitos na IA

Um desafio relacionado com a utilização de sistemas tecnológicos avançados é o preconceito na IA. Mais especificamente, existe a preocupação de saber até que ponto os sistemas de IA podem ser justos para todos os alunos, apesar dos atributos pessoais de um aluno (ou seja, raça e género (Li et al., 2021)). Os grupos que enfrentam discriminação na comunidade tecnológica, como as estudantes do sexo feminino, podem enfrentar desigualdades mais graves se os programadores que criam estes sistemas de IA não considerarem a forma de atenuar esses preconceitos. Os preconceitos dos programadores podem eventualmente resultar em falhas nos sistemas, bem como em preconceitos exacerbados no mundo real, criando assim um problema na adoção da IA em aulas inteligentes.

### - Estudantes desligados

A utilização da tecnologia para o ensino e a aprendizagem pode estar relacionada com a desconexão, que é geralmente expressa como um sentimento de separação da aprendizagem, do currículo, dos colegas, dos educadores e dos dispositivos de aprendizagem. A desconexão dos alunos pode comprometer os resultados de aprendizagem dos alunos, porque resulta em desinteresse, diminuição da apropriação por parte dos alunos e ausência de agência dos alunos. Por este motivo, os educadores nas salas de aula inteligentes devem encontrar formas de remover as barreiras ao envolvimento significativo dos alunos e incentivar o seu envolvimento na escola e no processo de aprendizagem (Wankel & Blessinger, 2013).

## *4.3 IA nas aulas inteligentes: Uma análise SWOT*

A utilização da IA nas aulas inteligentes pode ter um impacto importante. No entanto, com base na análise apresentada nas subsecções anteriores, as vantagens da utilização da IA e das tecnologias emergentes podem também envolver riscos que podem pôr em causa a eficiência e a experiência de aprendizagem. Nesta secção, é apresentada uma análise SWOT da utilização da IA em aulas inteligentes (ver Quadro 4.1) como forma de resumir o potencial da utilização da IA em aulas inteligentes, juntamente com possíveis desvantagens.

**Quadro 4.1 :** Uma análise SWOT da IA nas aulas inteligentes.

| **Pontos** fortes | **Pontos** fracos |
| --- | --- |
| ● Monitorização contínua do ambiente através de sensores que resultam num ambiente de aprendizagem optimizado.<br>● Interatividade melhorada, incluindo experiências imersivas.<br>● Adaptabilidade às necessidades individuais dos alunos.<br>● Entrega à vista/à distância/em classe mista. | ● Não é oferecida qualquer tecnologia integrada de classe inteligente.<br>● Custo do equipamento.<br>● Necessidade de conhecimentos especializados dos estudantes/educadores na utilização de tecnologias emergentes.<br>● Necessidade de grandes quantidades de dados para treinar os sistemas.<br>● Separação e desinteresse pelo processo de aprendizagem. Isto resulta em alunos isolados. |

| Oportunidades | Ameaças |
| --- | --- |
| • Disponibilidade de equipamento de ponta a um custo mais acessível (ou seja, ecrãs interactivos, câmaras, microfones, auscultadores e óculos de RV e RA). | • Questões de privacidade, ética e regulamentos GDBR relativos à recolha de dados exigida pelos sistemas inteligentes. |
| • Factores externos, como a pandemia da COVID-19, ditam a utilização da tecnologia no ensino como forma de apoiar o ensino à distância. | • Os sistemas de IA e as grandes estações de servidores que armazenam dados relativos a investigação vital podem ser ameaçados por piratas informáticos. |
| • Tendência para ambientes virtuais em linha (ou seja, META, METAVERSE (Mystakides, 2022) em consonância com as tecnologias smartclass. | • Os educadores tendem a evitar ou a enfrentar dificuldades na utilização de sistemas de IA devido à sua inadequação para se adaptarem a novas formas de tecnologia e recusam-se a aceitar as novas tecnologias como uma nova norma. |
| • O mais recente desenvolvimento em IA que resulta em algoritmos exactos, sob a forma de aprendizagem profunda. Disponibilidade de ferramentas "públicas" de aprendizagem automática (por exemplo, lobe.ai, que permite a indivíduos não formados criar e utilizar modelos de aprendizagem automática). | • As ferramentas de IA baseadas na batota podem dar uma vantagem injusta aos estudantes em relação aos seus colegas durante os exames e avaliações (Abd-Elaal et al. al., 2019). |
| | • Preconceitos nos sistemas de aprendizagem automática que podem causar um tratamento injusto dos alunos. |

# Capítulo 5: Discussão - Direcções futuras

Este livro visa promover ainda mais as tecnologias emergentes e a inteligência artificial na educação, fornecendo uma panorâmica das capacidades actuais e das orientações futuras, informando os educadores, investigadores e programadores sobre as tecnologias educativas emergentes e os investigadores relacionados com a IA. Nesta secção, descrevemos os principais tópicos que devem ser abordados pela comunidade de investigação, a fim de maximizar o impacto da IA no reforço da eficácia das aulas inteligentes.

**Integração e gestão de tecnologias:**

Para melhorar as capacidades de uma sala de aula inteligente, é necessário integrar todas as tecnologias, pelo que é essencial uma combinação de tecnologias emergentes e de IA. Um sistema central de IA que possa gerir a utilização de diferentes tecnologias, sugerir formas óptimas de integrar cada tecnologia em aulas específicas e fornecer uma avaliação exaustiva dos alunos e do processo educativo será uma caraterística altamente desejável das futuras aulas inteligentes. A IA para a gestão da educação também pode ter um significado prático, como a criação de uma nova forma de monitorizar e classificar, bem como de métodos que promovam a transparência (Luo et. al, 2020).

**Formação de professores:**

A necessidade de adotar na prática programas de formação de professores adequados à utilização da tecnologia na educação tornou-se urgente. Para além da formação para a utilização de tecnologias emergentes, os educadores devem também receber formação adequada sobre questões relacionadas com a IA, para que aprendam a aproveitar o poder dos sistemas de IA em benefício do processo educativo. Assim, é imperativo que sejam criados cursos dedicados à IA para educadores, de modo a que os professores de turmas inteligentes estejam bem cientes do potencial e dos riscos da utilização de tecnologias emergentes dotadas de IA. Além disso, devem ser desenvolvidas ferramentas específicas de fácil utilização que permitam aos educadores formar e utilizar módulos de aprendizagem automática. Todo o tema da formação em IA para professores pode ser um tema de investigação por si só, uma vez que é necessário desenvolver ferramentas e metodologias de formação específicas para esta tarefa.

**Privacidade de dados:**

Uma das questões mais cruciais do futuro das classes inteligentes é a ética na utilização de dados em sistemas de IA (Borenstein et. al., 2021). É vital abordar a forma como os dados são recolhidos e utilizados por esses sistemas, a fim de evitar a violação da privacidade. Devem ser estabelecidos regulamentos relativos à recolha de dados que devem ser seguidos pela comunidade científica. Os dados também podem ser encriptados e anonimizados, pelo que, no caso de ocorrer uma pirataria informática, não será possível encontrar correlações entre os dados fornecidos e os indivíduos. Neste contexto, é necessário desenvolver novos métodos que garantam a segurança dos dados, mas que, ao mesmo tempo, permitam o acesso às informações necessárias por parte das diferentes partes interessadas, num ambiente de classe inteligente.

**IA e ética:**

O preconceito na IA é uma questão que tem de ser abordada aquando da utilização de sistemas tecnológicos avançados. Mais precisamente, existe uma preocupação sobre o quão justos os sistemas de IA podem ser para todos os alunos, independentemente dos atributos de cada aluno, tais como nível de capacidade, raça, religião, aparência ou género (Li et. al., 2021). Os programadores devem ter em conta todos os preconceitos que possam surgir devido às suas crenças pessoais e eliminá-los. Desta forma, qualquer forma de discriminação contra as minorias será atenuada e os estudantes poderão frequentar o ensino e receber um feedback justo em comparação com os seus pares. Para o conseguir, um comité de ética poderia supervisionar e educar os programadores quando criam essas aplicações. Além disso, uma vez que os sistemas de IA supervisionados dependem de dados anotados, é necessário adotar técnicas que garantam a eliminação de qualquer forma de parcialidade no processo de anotação, para que os sistemas de IA resultantes não sejam sujeitos a qualquer tipo de discriminação. A questão da eliminação de qualquer forma de preconceito dos sistemas de aulas inteligentes está a tornar-se cada vez mais importante com a evolução das aulas multiculturais e com a formação de turmas com alunos com diferentes níveis de capacidades.

**IA empática centrada no aluno :**

É vital desenvolver sistemas de IA especializados que tenham em consideração as características únicas de cada aluno. Por exemplo, se um aluno tiver TDAH (Transtorno de Défice de Atenção e Hiperatividade), os sistemas de IA terão isso em consideração. Essencialmente, os sistemas de inteligência artificial têm de ser utilizados em conjunto com as tecnologias emergentes e devem considerar o termo "empatia", ou seja, a capacidade de reconhecer as reacções e motivos emocionais de alguém, preocupar-se com eles e com os seus sentimentos (Srinivasan et al. 2022). Além disso, como já vimos, o uso da tecnologia tem sido criticado pela desconexão (Wankel & Blessinger, 2013), a questão de tratar todos os tipos de alunos de forma humana deve ser considerada em todas as fases que envolvem a aplicação de sistemas de aulas inteligentes baseados em IA. O tema da produção de sistemas de IA "empáticos" pode abrir várias direcções de investigação.

**Sistemas adaptativos:**

Uma vez que o processo de ensino é um processo altamente dinâmico em que os educadores têm de se adaptar às mudanças nas atitudes dos alunos e aos requisitos gerais da turma, é importante implementar sistemas baseados em IA que monitorizem continuamente os requisitos dos alunos e se ajustem para responder a todas as mudanças. Embora isto possa assumir a forma de aprendizagem por reforço (Liu et al. 2018), é necessário conceber técnicas específicas para sistemas de IA educativa que possam lidar com diferentes cenários e incidentes na sala de aula.

**Redução de custos:**

A integração de equipamento técnico especial é normalmente um problema devido ao seu custo elevado. Por conseguinte, é fundamental adotar novos equipamentos técnicos de baixo custo que os estudantes possam utilizar em qualquer lugar e a qualquer momento. Os especialistas devem desenvolver técnicas e tecnologias que possam ser executadas em equipamento pessoal em vez de equipamento dedicado, por exemplo, utilizando telemóveis para RV, câmaras de smartphones e ferramentas de visualização que funcionem em PCs pessoais normais. No que diz respeito aos sistemas baseados em IA que têm de ser continuamente treinados, é necessário utilizar métodos de formação eficientes que permitam que o processo de formação seja concluído utilizando sistemas informáticos comuns, de modo a reduzir os custos associados à aquisição de equipamento dedicado ou à aquisição de tempo de computação.

# Capítulo 6: Conclusões

Ao longo deste livro, analisámos uma série de tecnologias emergentes assistidas por IA, a sua implementação em salas de aula inteligentes e fornecemos informações úteis. Mais especificamente, foram apresentadas tecnologias relacionadas com a gestão das aulas, os materiais didácticos e a avaliação do desempenho. Para cada tecnologia de aula inteligente apresentada, foi discutido o papel da IA, permitindo assim determinar o papel da IA nas aulas inteligentes. Além disso, através da análise das vantagens e desvantagens das aulas inteligentes, juntamente com uma análise SWOT, foram discutidas as perspectivas e tendências relacionadas com a utilização da IA em aulas inteligentes, permitindo assim a definição de várias direcções de investigação futuras. As direcções futuras apresentadas podem motivar as comunidades de investigação em IA e em tecnologia educativa a envolverem-se em actividades de investigação destinadas a enfrentar os desafios identificados. Uma vez que a nova era de avanços tecnológicos e a proliferação de dispositivos e aplicações digitais que são utilizados rotineiramente na vida quotidiana foram integrados na educação, há uma necessidade contínua de investir na melhoria dos serviços oferecidos aos estudantes e o desenvolvimento de aulas inteligentes baseadas em IA conduz definitivamente esses esforços na direção certa.

Uma vez que o conceito de classes inteligentes é continuamente enriquecido através da introdução de requisitos e novas tecnologias, planeamos monitorizar esta área no futuro e produzir inquéritos actualizados que reflictam os desenvolvimentos futuros. Além disso, no futuro, planeamos fornecer avaliações comparativas específicas de diferentes tecnologias, de modo a quantificar o efeito das tecnologias existentes e destacar a necessidade de melhorias futuras.

# Referências


Abdel-Basset, M., Manogaran, G., Mohamed, M., e Rushdy, E. (2019). Internet das coisas em ambiente de educação inteligente: Estrutura de apoio no processo de tomada de decisão. Concorrência e computação: Practice and Experience, 31(10), e4515.

Abramova, V.S., & Boulahnane, S. (2019). Explorar o potencial dos sítios Web de inglês online no ensino de inglês a estudantes não linguistas: Breaking News English como exemplo. *Register Journal, 12*(1), 1-12.

Abu Amra, I. A. e Maghari, A. Y. A. (2017). Previsão de desempenho dos alunos usando knn e naïve bayesian. Em 2017, 8ª Conferência Internacional sobre Tecnologia da Informação (ICIT), páginas 909-913.

Ahmed, R.K.A. (2015). Visão geral de diferentes ferramentas de deteção de plágio. *Revista Internacional de Tendências Futuristas em Engenharia e Tecnologia, 2*(10), 1-3.

AlFarsi, G., Tawafak, R. M., ElDow, A., Malik, S. I., Jabbar, J., e Al Sideiri, A. (2021). Tecnologia de sala de aula inteligente em inteligência artificial: Um artigo de revisão.

Ali, S., DiPaola, D. & Breazeal, C. (2021). O que são GANs? Apresentando Redes Adversárias Generativas para Alunos do Ensino Médio. *A Trigésima Quinta Conferência AAAI sobre Inteligência Artificial, AAAI-21,* 15472-15480.

Ali, S., DiPaola, D., & Breazeal, C. (2021). O que são GANs? Apresentando Redes Adversárias Generativas para Alunos do Ensino Médio. Associação para o Avanço da Inteligência Artificial. Disponível em: https://www.aaai.org/AAAI21Papers/EAAI-41.AliS.pdf.

Allagui, B. (2019). Escrevendo um parágrafo descritivo usando um aplicativo de realidade aumentada: Uma avaliação do desempenho e das atitudes dos alunos. *Tecnologia, Conhecimento e Aprendizagem, 5,* 1-24.

Al-Sharhan, S. (2016). 14 Smart classrooms in the context of technology-enhanced learning (TEL) environments. *Transforming Education in the Gulf Region: Tecnologias de aprendizagem emergentes e pedagogia inovadora para o século XXI*, *188*, 1-10.

Arici, A., Barab, S., & Borden, R. (2016). Gaming 8up a prática da formação de professores: Quest2Teach. Em L. Lin & R. K. Atkinson (Eds.), *Educational technologies: Desafios, aplicações e resultados de aprendizagem* (pp. 95-114). Nova Iorque: Nova Science.

Arici, A., Barab, S., & Borden, R. (2016). Gaming up the practice of teacher education: Quest2Teach. Em L. Lin & R. K. Atkinson (Eds.), *Educational technologies: Desafios, aplicações e resultados de aprendizagem* (pp. 95-114). Nova Iorque: Nova Science.

Ashwin, T. e Guddeti, R. M. R. (2020a). Deteção automática dos estados afectivos dos alunos em ambiente de sala de aula utilizando redes neurais convolucionais híbridas. Educação e Tecnologias da Informação, 25(2):1387-1415.

Ashwin, T. e Guddeti, R. M. R. (2020b). Impacto das intervenções de inquérito nos alunos em ambientes de e-learning e de sala de aula utilizando uma estrutura de computação afectiva. Modelação do utilizador e interação adaptada ao utilizador: 1-43.

Balfour, S.P. (2013). Avaliação da escrita em MOOCs: Automated essay scoring and calibrated peer review. *Investigação e Prática em Avaliação, 8,* 40-48.

Bayani, M., e Quesada, E.V. (2017). Influência Previsível da IoT (Internet das Coisas) no Ensino Superior. Revista Internacional de Tecnologia da Informação e Educação 7(12): 914-920.

Bebis, G., Egbert, D., e Shah, M. (2003). Revisão do ensino da visão computacional. IEEE Transactions on Education, 46(1):2-21.

Beetham, H. & Sharpe, R. (2013). *Repensar a pedagogia para uma era digital: Designing for 21st century learning.* Nova Iorque, NY: Routledge.

Beetham, H. & Sharpe, R. (2013). *Repensar a pedagogia para uma era digital: Designing for 21st century learning.* Nova Iorque, NY: Routledge.

Bell, J., Cain, W., Peterson, A. & Cheng, C. (2016). Do 2D ao Kubi e às duplas: Designs para a telepresença de estudantes em salas de aula híbridas síncronas. *Revista Internacional de Designs para a Aprendizagem, 7*(3), 19-33.

Bhatia, M. & Kaur, A. (2021). Estrutura inspirada na computação quântica para avaliação do desempenho do aluno na sala de aula inteligente. *Transacções sobre tecnologias de telecomunicações emergentes, 32*(9), 1-22.

Bian, C., Zhang, Y., Yang, F., Bi, W., e Lu, W. (2019). Base de dados de expressões faciais espontâneas para inferência de emoções académicas na aprendizagem online. IET Computer Vision, 13(3):329-337.

Billinghurst, M. & Dünser, A. (2012). Augmented Reality in the Classroom (Realidade Aumentada na Sala de Aula). *IEEE Computer Society, 45*(7), 56-63.

Billinghurst, M. & Dünser, A. (2012). Augmented Reality in the Classroom (Realidade Aumentada na Sala de Aula). *IEEE Computer Society, 45*(7), 56-63.

Billinghurst, M., Clark, A., e Lee, G. (2015). Um inquérito sobre a realidade aumentada.

Billinghurst, M., Kato, H., & Poupyrev, I. (2001). O MagicBook - uma transição perfeita entre a realidade e a virtualidade. *Computação Gráfica e Aplicações, 21*(3), 6-8.

Bishop, J. e Verleger, M. A. (2013). A sala de aula invertida: A survey of the research. Em 2013 ASEE Annual Conference & Exposition, páginas 23-1200.

Boulay, B.D. (2016). A Inteligência Artificial como Assistente Eficaz na Sala de Aula. IEEE Intelligent Systems, 31: 76-81.

Bower, M., Howe, C., McCredie, N., Robinson, A. & Grover, D. (2014). Realidade aumentada na educação - casos, lugares e potencialidades. *Educational Media International, 51*(1), 1-15.

Bower, M., Howe, C., McCredie, N., Robinson, A. & Grover, D. (2014). Realidade aumentada na educação - casos, locais e potencialidades. *Educational Media International, 51*(1), 1-15.

Bower, M., Howe, C., McCredie, N., Robinson, A. & Grover, D. (2014). Realidade aumentada na educação - casos, locais e potencialidades. *Educational Media International, 51*(1), 1-15.

Brady, M., Gerhardt, L.A. & Davidson, H.F. (2012). *Robotics and artificial intelligence (Robótica e inteligência artificial)*. New York: Springer.

Brudy, F., Holz, C., Rädle, R., Wu, C.-J., Houben, S., Klokmose, C. N., & Marquardt, N. (2019). Taxonomia entre dispositivos: Levantamento, oportunidades e desafios das interações que se estendem por vários dispositivos. *Actas da Conferência CHI de 2019 sobre Factores Humanos em Sistemas Informáticos* (CHI '19), 1-28. Glasgow, Escócia, Reino Unido.

Buzzconf.io. (2017), IoT e e-Learning. Disponível em: https://buzzconf.io/sessions/iot-andelearning.

Caijun, W., Xi, J. & Zhenzhou, Z. (2021). Análise da Reforma Sistemática do Ensino Futuro na Era da Inteligência Artificial. Nos Anais da *2nd Conferência Internacional sobre Inteligência Artificial e Educação (ICAIE),* 704-707.

Caligaris, M., Rodríguez, G. & Laugero, L. (2016). Uma Primeira Experiência de Sala de Aula Invertida em Análise Numérica. *Procedia - Ciências Sociais e Comportamentais, 217,* 838-845.

Carmigniani, J. e Furht, B. (2011). Realidade aumentada: uma visão geral. Handbook of augmented reality, páginas 3-46.

Caviglione, L., e Coccoli, M. (2018). Sistemas inteligentes de e-Learning com Big Data. Revista Internacional de Eletrónica e Telecomunicações 64(4):445-450.

Cerasoli, C. P., Nicklin, J. M., & Ford, M. T. (2014). A motivação intrínseca e os incentivos extrínsecos prevêem conjuntamente o desempenho: A 40-year meta-analysis. *Psychological Bulletin, 140*(4), 980-1008.

Chamba-Eras, L. e Aguilar, J. (2017). Realidade aumentada em uma sala de aula inteligente-estudo de caso: Saci. IEEE Revista Iberoamericana de Tecnologias del Aprendizaje, 12(4):165- 172.

Chang, C.H. (2011). Sistema inteligente de chamada de sala de aula com arquitetura IOT. Proc. - 2011 2nd Int.Conf. Innov. Bioinspired Comput. Appl. IBICA 2011.

Chang, C.-W., Lee, J.-H., Wang, C.-Y., e Chen, G.-D. (2010). Melhorar a experiência de aprendizagem autêntica através da integração de robots no ambiente de realidade mista. Computadores e Educação, 55(4):1572-1578.

Chen, C.-M. e Tsai, Y.-N. (2012). Interactive augmented reality system for enhancing library instruction in elementary schools [Sistema interativo de realidade aumentada para melhorar o ensino da biblioteca nas escolas primárias]. Computers & Education, 59(2):638-652.

Chen, P., Liu, X., Cheng, W., & Huang, R. (2017). Uma revisão do uso da Realidade Aumentada na Educação de 2011 a 2016. Inovações na aprendizagem inteligente. Springer, Singapura, 13-18.

Chen, Y.-C., Chi, H.-L., Hung, W.-H. & Kang, S.-C. (2011). Utilização de modelos de realidade tangível e aumentada em cursos de gráficos de engenharia. *Journal of Professional Issues in Engineering Education and Practice, 137*(4), 267-276.

Cheng, T. (2014). Aplicação e investigação da utilização da tecnologia de realidade virtual para realizar o controlo remoto. Revista Internacional de Controlo e Automação, 7(8):427- 434.

Chintalapati, S. e Raghunadh, M. (2013). Sistema automatizado de gestão de atendimento baseado em algoritmos de reconhecimento facial. Em 2013, Conferência Internacional do IEEE sobre Inteligência Computacional e Investigação Computacional, páginas 1-5. IEEE.

Chocarro, R., Cortiñas, M., e Marcos-Matás, G. (2021). Atitudes dos professores em relação aos chatbots na educação: uma abordagem de modelo de aceitação de tecnologia considerando o efeito da linguagem social, proatividade do bot e características dos usuários. Estudos Educacionais, páginas 1-19.

Chourasia, A. O., Wiegmann, D. A., Chen, K. B., Irwin, C. B., & Sesto, M. E. (2013). Effect of sitting or standing on touch screen performance and touch characteristics (Efeito de estar sentado ou de pé no desempenho e nas características do ecrã tátil). *Human Factors: The Journal of the Human Factors and Ergonomics Society*, *55*(4), 789-802.

Chourasia, A. O., Wiegmann, D. A., Chen, K. B., Irwin, C. B., & Sesto, M. E. (2013). Effect of sitting or standing on touch screen performance and touch characteristics (Efeito de estar sentado ou de pé no desempenho e nas características do ecrã tátil). *Human Factors: The Journal of the Human Factors and Ergonomics Society*, *55*(4), 789-802.

Chowdhury, S., Nath, S., Dey, A., e Das, A. (2020). Desenvolvimento de um sistema de atendimento automático de classe usando reconhecimento facial baseado em cnn. Em 2020 Emerging

Clark, D. B., Nelson, B. C., Chang, H. Y., Martinez-Garza, M., Slack, K., & D'Angelo, C. M. (2011). Explorar a mecânica newtoniana num jogo digital concetualmente integrado: Comparação de resultados de aprendizagem e afectivos para estudantes em Taiwan e nos Estados Unidos. *Computadores e Educação, 57*(3), 2178-2195.

Colace, F., De Santo, M., Lombardi, M., Pascale, F., Pietrosanto, A., e Lemma, S. (2018). Chatbot para e-learning: Um caso de estudo. Revista Internacional de Investigação em Engenharia Mecânica e Robótica, 7(5):528-533.

Cruz, M., X. M., E. Honrado, J. L., Joseph C. Libatique, N., L. Tangonan, G., M. Oppus, C., M. Cabacungan, P., A. Mamaradlo, J. P., M. Mercado, N. A., Dela Cruz, J. A., Dela Cruz, J. A., et al. (2021). Projeto e demonstração de uma distribuição de conteúdo resiliente e plataforma de aprendizagem assíncrona remota. Em Anais Adjuntos da Conferência Internacional de 2021 sobre Computação Distribuída e Redes, páginas 98-103.

Dascalu, M.-I., Moldoveanu, A., e Shudayfat, E. A. (2014). Realidade mista para apoiar novos paradigmas de aprendizagem. In 2014 18th International Conference on System Theory, Control and Computing (ICSTCC), páginas 692-697. IEEE.

Demitriadou, E., Stavroulia, K.-E., e Lanitis, A. (2020). Avaliação comparativa da realidade virtual e aumentada para o ensino da matemática no ensino básico. Educação e tecnologias da informação, 25(1):381-401.

Deuchar, S. e Nodder, C. (2003). O impacto dos avatares e da criação de mundos virtuais 3d na aprendizagem. Na 16ª Conferência Anual do NACCQ.

Devaney, J. (2016). Como é que a Internet das Coisas vai afetar a sua conceção pedagógica? Agylia. Disponível em: https://www.agylia.com/blog/elearning/how-will-the-internet-of-things-iot-affect-instructional-design.

Dirican, C. (2015). Os Impactos da Robótica, Inteligência Artificial nos Negócios e na Economia. *Procedia-Social and Behavioral Sciences, 195,* 564-573.

Dryjanski, M., Buczkowski, M., Ould-Cheikh-Mouhamedou, Y. & Kliks, A. (2020). Adoção de cidades inteligentes com uma implementação prática de edifícios inteligentes. *Revista IEEE Internet of Things, 3*(1), 58-63.

Durlach, P. (Ed.) (2012). *Tecnologias adaptativas para formação e educação.* Nova Iorque: Cambridge University Press.

Edwards, C., Edwards, A., Spence, P. & Lin, X. (2018). Eu, professor: usando inteligência artificial (IA) e robôs sociais em comunicação e instrução. *Educação para a Comunicação, 67*(4), 473-480.

Elazab, S.M., & Alazab, M. (2015). A eficácia da sala de aula invertida no ensino superior. 2015 Quinta Conferência Internacional sobre e-Learning (econf).

Elkoubaiti, H. e Mrabet, R. (2018). Como é que a realidade aumentada e a realidade virtual são utilizadas nas salas de aula inteligentes? Nos Anais da 2ª Conferência Internacional sobre Ambiente Digital Inteligente, páginas 189-196.

Elyamany, H.F., e Alkhairi, A.H. (2015). Arquitetura IoT-academia: Uma abordagem profunda. IEEE/ACIS 16th Int. Conf. Softw. Eng. Artif. Intell. Netw. Computação Paralela/Distribuída. SNPD 2015.

Fakieh, K.A. (2017). Desenvolvimento de Modelos de Sala de Aula Virtual com Algoritmos Bio Inspirados para E-Learning: Uma Pesquisa para o Ensino Técnico Superior para a Visão 2030 da Arábia Saudita. Revista Internacional de Sistemas de Informação Aplicados (IJAIS), 12(8).

Feiner, S. K. (2002). Realidade aumentada: Uma nova forma de ver. Scientific American, 286(4):48-55.

Ferguson, R. (2012). Análise da aprendizagem: Drivers, desenvolvimentos e desafios. *Revista Internacional de Aprendizagem Melhorada pela Tecnologia, 4*(5-6): 304-317.

Fernando Batista, A., Thiry, M., Queiroz Gonçalves, R. & Fernandes, A. (2020). Uso de Tecnologias como Ambientes Virtuais para o Ensino de Informática: Uma Revisão Sistemática. *Informática na Educação, 19*(2), 201-221.

Fiore, A., Mainetti, L, e Vergallo, R. (2014). Um formato educacional inovador baseado num ambiente de realidade mista: Um estudo de caso e avaliação de benefícios. Na Conferência Internacional sobre E-Learning, E-Educação e Formação Online, páginas 93-100. Springer.

Fırat, M., Kılınç, H. & Yüzer, T.V. (2018). Nível de motivação intrínseca de estudantes de educação a distância em ambientes de e-learning. *Jornal de Aprendizagem Assistida por Computador, 34,* 63-70.

Fitter, N. T., Raghunath, N., Cha, E., Sanchez, C. A., Takayama, L. & Matarić, M. J. (2020). Ainda estamos lá? Comparando tecnologias de aprendizagem remota na sala de aula da universidade. *Cartas de robótica e automação do IEEE, 5* (2), 2706-2713.

Formica, S. P., Easley, J. L., e Spraker, M. C. (2010). Transformando crenças de senso comum em pensamento newtoniano através do ensino just-in-time. Physical Review Special Topics-Physics Education Research, 6(2):020106.

Fulton, K. (2012). De pernas para o ar e do avesso: Inverter a sala de aula para melhorar a aprendizagem dos alunos. Learning & Leading with Technology, 39(8):12-17.

Gallagher, S. & Sixsmith, A. (2014). Envolvendo estudantes de graduação em TI em conteúdo não TI: Adoção de um sistema de informação de eLearning na sala de aula. *Tecnologia interactiva e educação inteligente, 11*(2), 99-111.

Gallagher, S. e Sixsmith, A. (2014). Envolvendo os alunos de graduação em TI em conteúdo não-ITI: Adoção de um sistema de informação elearning na sala de aula. Tecnologia interactiva e educação inteligente.

Gallagher, S. e Sixsmith, A. (2014). Envolvimento de alunos de graduação em TI em conteúdo não TI: Adoção de um sistema de informação de eLearning na sala de aula. *Tecnologia interativa e educação inteligente, 11*(2): 99-111.

Gardner, M. e Elliott, J. (2014). O laboratório de educação imersiva: compreender os recursos, estruturar experiências e criar processos construtivistas e colaborativos em ambientes inteligentes de realidade mista. EAI Endorsed Transactions on Future Intelligent Educational Environments, 14(1): creators-Gardner.

Ghosh, A, Chakraborty, D., e Law, A. (2018). Transacções CAAI sobre Tecnologia da Inteligência 3(4).

Gligoric, N., Uzelac, A., Krco, S., Kovacevic, I. & Nikodijevic, A. (2015). Sistema de sala de aula inteligente para detetar o nível de interesse que uma palestra cria em uma sala de aula. *Journal of Ambient Intelligence and Smart Environments, 7*(2), 271-284.

Gligoric , N., Uzelac, A., Krco, S., Kovacevic, I. & Nikodijevic, A. (2015). Sistema de sala de aula inteligente para detetar o nível de interesse que uma palestra cria numa sala de aula. *Journal of Ambient Intelligence and Smart Environments, 7*(2), 271-284.

Gligoric, N., Uzelac, A., Krco, S., Kovacevic, I. & Nikodijevic, A. (2015). Sistema de sala de aula inteligente para detetar o nível de interesse que uma palestra cria em uma sala de aula. *Journal of Ambient Intelligence and Smart Environments, 7*(2), 271-284.

Goel, A. K. e Polepeddi, L. (2018). Jill Watson: Um assistente de ensino virtual para educação online. Em Learning Engineering for Online Education, páginas 120-143. Routledge.

Goldman, S.E., Finn, J.B., & Leslie, M.J. (2021). Gestão da sala de aula e ensino remoto: ferramentas para definir e ensinar expectativas. *TEACHING Exceptional Children*. https://doi.org/10.1177/00400599211025555.

Górski, F., Bun, P., Wichniarek, R., Zawadzki, P., e Hamrol, A. (2017). Sinal eficaz de aplicações educacionais de realidade virtual para medicina usando técnicas de engenharia do conhecimento. EURASIA Journal of Mathematics, Science and Technology Education, 13(2):395-416.

GU, W. (2017). A aplicação da realidade virtual na educação. Transacções DEStech sobre Ciência e Engenharia da Computação, (aiea).

Guo, Q. (2015). Aprendizagem num sistema de realidade mista no contexto da "Indústria 4.0". *Revista de Educação Tecnológica, 3*(2), 92-115.

Gupta, S. K., Ashwin, T., e Guddeti, R. M. R. (2018). Cvucams: Sistema de gestão de atendimento de sala de aula discreto baseado em visão computacional. Em 2018 IEEE 18ª Conferência Internacional sobre Tecnologias Avançadas de Aprendizagem (ICALT), páginas 101-102. IEEE.

Gupta, S. K., Ashwin, T., e Guddeti, R. M. R. (2018). Cvucams: Sistema de gestão de atendimento de sala de aula discreto baseado em visão computacional. Em 2018 IEEE

Hampel, G. e Dancsházy, K. (2014). Criação de um ambiente virtual de aprendizagem. AGRÁRINFORMATIKA/JOURNAL OF AGRICULTURAL INFORMATICS, 5(1):46-55.

Have, H. e Neves, M. d. C. P. (2021). Tecnologias emergentes. In Dicionário de Bioética Global, páginas 461-461. Springer.

Heller, B., Proctor, M., Mah, D., Jewell, L., e Cheung, B. (2005). Freudbot: Uma investigação da tecnologia chatbot no ensino à distância. Em EdMedia+ Innovate Learning, páginas 3913-3918. Associação para o Avanço da Informática na Educação (AACE).

Huang, L.-S., Su, J.-Y., e Pao, T.-L. (2019). Uma arquitetura de sala de aula inteligente consciente do contexto para campus inteligentes. Ciências Aplicadas, 9(9), 1837.

Huang, R., Hu, Y., Yang, J., e Xiao, G. (2012a). The concept and characters of smart classroom (em chinês). Investigação em Educação Aberta, 18(2),22-27.

Huang, R., Hu, Y., Yang, J., e Xiao, G. (2012b). As funções da sala de aula inteligente na era da aprendizagem inteligente. Investigação em educação aberta, 18(2), 22-27.

Ingrand, F. & Ghallab, M. Robótica e Inteligência Artificial: Uma perspetiva sobre as funções de deliberação. *AI Communications, 27*(1), 163-80.

Jaiswal, A. & Arun, C.J. (2021). Potential of Artificial Intelligence for transformation of the education system in India (Potencial da Inteligência Artificial para a transformação do sistema educativo na Índia). *International Journal of Education and Development Using Information and Communication Technology (IJEDICT), 17*(1), 142-158.

Jayahari, K., Beenu, B., e Bijlani, K. (2017). Sistema de monitorização de entrega da voz dos professores em salas de aula tradicionais e sistema de controlo automático em salas de aula inteligentes/remotas. In 2017 IEEE International Conference on Smart Technologies and Management for Computing, Communication, Controls, Energy and Materials (ICSTM), páginas 115-121. IEEE.

Johnson, L. e Renner, J. (2012). Efeito do modelo de sala de aula invertida num curso de aplicações informáticas do ensino secundário: Perceções de alunos e professores, questões e resultados dos alunos. Dissertação de doutoramento não publicada). Universidade de Louisville, Louisville, Kentucky.

Kasapakis, V., Gavalas, D., e Dzardanova, E. (2019). Realidade mista.

Kaufmann, H. e Schmalstieg, D. (2002). Ensino de matemática e geometria com realidade aumentada colaborativa. Em ACM SIGGRAPH 2002 conference abstracts and applications, páginas 37-41. ACM.

Kennedy, J., Baxter, P., e Belpaeme, T. (2015). Comparação de formas de realização de robôs numa interação de aprendizagem por descoberta guiada com crianças. Revista Internacional de Robótica Social, 7(2):293-308.

Kerly, A., Hall, P., e Bull, S. (2007). Trazer os chatbots para a educação: Rumo à negociação em linguagem natural de modelos abertos de alunos. Knowl. 20, 177-185.

Khalid, A., Hani, H., Daniyal, A., Ghadah, A. (2017). Um levantamento da inteligência artificial, técnicas utilizadas para sistemas educacionais adaptativos em plataformas de E-learning. *JAISCR 7*(1), 47-67.

Khalid, A., Hani, H., Daniyal, A., Ghadah, A. (2017). Um levantamento de inteligência artificial, técnicas empregadas para sistemas educacionais adaptativos em plataformas de E-learning. *JAISCR, 7*(1), 47-67.

Knill, O., Carlsson, J., Chi, A., e Lezama, M. (2004). Uma experiência de inteligência artificial no ensino da matemática na faculdade. Pré-impressão disponível em http://www. math. harvard. edu/knill/preprints/sofia. pdf.

Koroleva, N. G., Vozdvizhenskaya, A. V., Vsevolodova, A. K., e Vikhareva, A. Y. (2020). O efeito da presença em sala de aula remota na satisfação dos alunos com o curso. Em Knowledge in the Information Society, páginas 311-323. Springer.

Kuznetcova, I., Lin, TJ. & Glassman, M. (2021). A presença do professor sob uma luz diferente: Mudança de autoridade em ambientes virtuais multiusuário. *Tecnologia, Conhecimento e Aprendizagem, 26,* 79-103.

Kuznetcova, I., Lin, TJ. & Glassman, M. (2021). A presença do professor sob uma luz diferente: Mudança de autoridade em ambientes virtuais multiusuário. *Tecnologia, Conhecimento e Aprendizagem, 26,* 79-103.

Lage, M. J., Platt, G. J., e Treglia, M. (2000). Inverter a sala de aula: A gateway to creating an inclusive learning environment. The journal of economic education, 31(1):30- 43.

Lanier, J. (1992). Virtual reality: The promise of the future. Interactive Learning International, 8(4):275-79.

Lee, K. (2012). Realidade aumentada na educação e na formação. *TechTrends, 56*(2), 13-21.

León, C. A. D., Montoya, E. M. H., Arredondo, E. A. G., e López, G. A. M. (2016). Desenho e desenvolvimento de um sistema de interação para ser implementado numa sala de aula inteligente. Revista EIA/Versão em inglês, 13(26).

León, C.A.D., Montoya, E.M.H., Arredondo, E.A.G. & López, G.A.M. (2017). Desenho e desenvolvimento de um sistema de interação para ser implementado numa sala de aula inteligente. *Revista EIA/Versão em Inglês, 13*(26), 95-109.

León, C.A.D., Montoya, E.M.H., Arredondo, E.A.G. e López, G.A.M. (2017). Desenho e desenvolvimento de um sistema de interação para ser implementado numa sala de aula inteligente. *Revista EIA/Versão em inglês, 13*(26): 95-109.

Li X. (2017). Um modelo de aprendizagem combinada do curso de metodologia de ensino de inglês orientado pelo construtivismo. *Revista Internacional de Educação Contínua em Inglês e Aprendizagem ao Longo da Vida, 27*(1-2), 101-110.

Li, K.C. & Wong, B.T.M. (2021). Revisão da aprendizagem inteligente: Padrões e tendências em pesquisa e prática. *Jornal Australasiano de Tecnologia Educacional, 37*(2), 189-206.

Li, K.C. & Wong, B.T.M. (2021). Revisão da aprendizagem inteligente: Padrões e tendências em pesquisa e prática. *Jornal Australasiano de Tecnologia Educacional, 37*(2), 189-206.

Li, K.C. e Wong, B.T.M. (2021). Revisão da aprendizagem inteligente: Padrões e tendências na investigação e na prática. *Jornal Australasiano de Tecnologia Educacional, 37*(2): 189-206.

Li, X., Wang, M., Zeng, W., e Lu, W. (2019). Um banco de dados de reconhecimento de ação dos alunos na sala de aula inteligente. Em 2019, 14ª Conferência Internacional sobre Computação

Li, Z., Yue, J., e Jáuregui, D. A. G. (2009). Um novo ambiente de realidade virtual usado para e-learning. Em 2009 IEEE International Symposium on IT in Medicine & Education, volume 1, páginas 445-449. IEEE.

Lo, C. K., Hew, K. F. & Chen, G. (2017). Em direção a um conjunto de princípios de design para salas de aula invertidas de matemática: Uma síntese da investigação em educação matemática. *Educational Research Review, 22,* 50-73.

Loos, R. (2015). Cowriter: Crianças que usam robôs para aprender a escrever. Robotics Today, 08 de março.

Lui, M. & Slotta, J. (2014). Simulações imersivas para salas de aula inteligentes: Explorando conceitos evolutivos em ciências secundárias. *Tecnologia, Pedagogia e Educação, 23*(1), 57-80.

Lui, M. & Slotta, J. (2014) . Simulações imersivas para salas de aula inteligentes: Explorando conceitos evolutivos em ciências secundárias. *Tecnologia, Pedagogia e Educação, 23*(1), 57-80.

Lui, M. & Slotta, J. (2014). Simulações imersivas para salas de aula inteligentes: Explorando conceitos evolutivos em ciências secundárias. *Tecnologia, Pedagogia e Educação, 23*(1), 57-80.

Maas, M.J. & Hughes, J.M. (2020). Realidade virtual, aumentada e mista no ensino K-12: uma revisão da literatura. *Tecnologia, Pedagogia e Educação, 29*(2), 231-249.

MacLeod, J., Yang, H. H., Zhu, S., e Li, Y. (2018). Compreender as preferências dos alunos em relação ao ambiente de aprendizagem da sala de aula inteligente: Desenvolvimento e validação de um instrumento. Computadores e Educação, 122:80-91.

Makransky, G., Lilleholt, L., & Aaby, A. (2017). Desenvolvimento e Validação da Escala de Presença Multimodal para Ambientes de Realidade Virtual: Uma análise fatorial confirmatória e abordagem da teoria de resposta ao item. Computadores no Comportamento Humano, 72.

Manca, S. Caviglione, L., e Raffaghelli, J. E. (2016). Big data para análise da aprendizagem em redes sociais: Potencialidades e desafios. Revista de e-Learning e Sociedade do Conhecimento, 12(2): 27-39.

Manny-Ikan, E., Dagan, O., Tikochinski, T., e Zorman, R. (2011). [chais] using the interactive white board in teaching and learning-an evaluation of the smart classroom pilot project. *Revista Interdisciplinar de E-Learning e Objectos de Aprendizagem*, 7(1):249-273.

Martin, F. e Parker, M. A. (2014). Utilização de salas de aula virtuais síncronas: Why, who, and how. MERLOT Journal of Online Learning and Teaching, 10(2):192-210.

Martin, F., Parker, M. & Oyarzun, B. (2013). Um estudo de caso sobre a adoção e utilização de salas de aula virtuais síncronas. *Revista Eletrónica de E-learning, 11*(2), 124-138.

Martin, S.F., Shaw, E.L. & Daughenbaugh, L. (2014). Utilização de quadros inteligentes e manipuladores na sala de aula de ciências do ensino básico. *TechTrends, 58*(3), 90-98.

Martin, S.F., Shaw, E.L. e Daughenbaugh, L. (2014). Utilização de quadros inteligentes e manipuladores na sala de aula de ciências do ensino básico. *TechTrends, 58*(3): 90-98.

Martín-Gutiérrez, J., Mora, C. E., Añorbe-Díaz, B., e González-Marrero, A. (2017). Tendências das tecnologias virtuais na educação. EURASIA Journal of Mathematics Science and Technology Education, 13(2):469-486.

Martín-Gutiérrez, J., Mora, C.E., Añorbe-Díaz, B., González-Marrero, A. (2017). Tendências das tecnologias virtuais na educação. *Eurasia Journal of Mathematics, Science and Technology Education, 13*(2), 469-486.

Martín-Gutiérrez, J., Mora, C.E., Añorbe-Díaz, B., González-Marrero, A. (2017). Tendências das tecnologias virtuais na educação. *Eurasia Journal of Mathematics, Science and Technology Education, 13*(2), 469-486.

Mateu, J., Lasala, M. J., e Alamán, X. (2015). Desenvolvimento de aplicações educativas de realidade mista: O kit de ferramentas de toque virtual. Sensors, 15(9):21760-21784.

McGill, M., Williamson, J. & Brewster, S.A. (2014). Espelho, espelho, na parede: Espelhamento de ecrã colaborativo para pequenos grupos. In: *2014 ACM International Conference on Interactive Experiences for TV and Online Video*, Newcastle, Reino Unido, 25-27 de junho de 2014, pp. 87-94.

Mery, D., Mackenney, I., e Villalobos, E. (2019). Sistema de atendimento ao aluno em salas de aula lotadas usando uma câmera de smartphone. Na Conferência de inverno do IEEE de 2019

Meşe, E. & Sevilen, Ç. (2021). Fatores que influenciam a motivação dos alunos de EFL na aprendizagem online: Um estudo de caso qualitativo. *Jornal de Tecnologia Educacional e Aprendizagem Online, 4*(1), 11-22.

Millard, E. (2012.). Razões pelas quais as salas de aula invertidas funcionam| Revista University Business, 2012.

Milman, N. B. (2012). A estratégia da sala de aula invertida: O que é e qual a melhor forma de a utilizar? Ensino à distância, 9(3):85.

Mircea, M., Stoica, M., e Ghilic-Micu, B. (2021). Investigando o impacto da internet das coisas no ambiente de ensino superior. IEEE Access, 9:33396-33409.

Moise, G., Gabriela, M., Loredana, N., & Alina, T. F. (2015). Bio-Inspired E-Learning Systems A Simulation Case: English Language Teaching A Simulation Case. Roménia: Universidade de Petróleo e Gás de Ploiesti.

Mubin, O., Stevens, C. J., Shahid, S., Al Mahmud, A., e Dong, J.-J. (2013). A review of the applicability of robots in education (Uma revisão da aplicabilidade dos robots na educação). Journal of Technology in Education and Learning, 1(209-0015):13.

Ngoc Anh, B., Tung Son, N., Truong Lam, P., Le Chi, P., Huu Tuan, N., Cong Dat, N., Huu Trung, N., Umar Aftab, M., Van Dinh, T., et al. (2019). Um aplicativo baseado em visão computacional para monitoramento do comportamento do aluno em sala de aula. Ciências Aplicadas, 9(22):4729.

Ofori, F., Maina, E., e Gitonga, R. (2020). Usando algoritmos de aprendizado de máquina para prever o desempenho do aluno sac ™ e melhorar o resultado da aprendizagem: Uma revisão baseada na literatura. Jornal de Informação e Tecnologia, 4(1):33-55.

sobre Aplicações da Visão por Computador (WACV), páginas 857-866. IEEE. Ouyang, X., Zhou, J. & Xiang, H. (2021). O espelhamento de tela não é tão fácil quanto parece: Um olhar mais atento à experiência entre dispositivos dos adultos mais velhos por meio de gestos de toque. *Jornal Internacional de Interação Homem-Computador, 37*(12), 1173-1189

Ouyang, X., & Zhou, J. (2018). Como ajudar os adultos mais velhos a mudar o foco numa smart TV? Explorando os efeitos das dicas de seta e da consistência do tamanho do elemento. *Jornal Internacional de Interação Homem-Computador*, 35(11-15), 1-17.

Ozdamli, F. e Asiksoy, G. (2016). Flipped classroom approach. Revista Mundial de Tecnologia Educativa: Current Issues, 8(2):98-105.

Papoutsi, F., & Rangousi, M. (2020). Agentes Pedagógicos em E-learning: uma revisão dos resultados de investigação recentes (2009-2019). IEEE Transactions on Learning Technologies, 2 (3): 216-225.

Parmar, V.P. & Kumbharana, C.K. (2016). Análise de diferentes padrões de exame com formulação de respostas a perguntas, técnicas de avaliação e comparação do tipo MCQ com resposta de uma palavra para exame automatizado em linha. *Revista Internacional de Publicações Científicas e de Investigação, 6*(3), 459-463.

Parmar, V.P. & Kumbharana, C.K. (2016). Análise de diferentes padrões de exame com formulação de respostas a perguntas, técnicas de avaliação e comparação do tipo MCQ com resposta de uma palavra para exame automatizado em linha. *Revista Internacional de Publicações Científicas e de Investigação, 6*(3), 459-463.

Pea, R. D., e Collins, A. (2018). Aprender a fazer educação científica: Quatro ondas de reforma. Conceber uma educação científica coerente, 3(12).

Peijie, C. (2018). Educação da Sabedoria: Mudança Educacional na Era da Inteligência Artificial. *Investigação Educacional, 39*(08), 123-130.

Pishva, D. e Nishantha, G. (2008). Smart classrooms for distance education and their adoption to multiple classroom architecture (Salas de aula inteligentes para o ensino à distância e sua adoção para a arquitetura de salas de aula múltiplas). J. Networks, 3(5):54-64.

Potode, A. & Manjare, P. (2015). E-learning usando inteligência artificial. *Revista Internacional de Investigação em Informática e Tecnologias da Informação, 3*(1), 78-82.

Pozo Sanchez, S., Lopez Belmonte, J., Moreno Guerrero, A. J., e Lopez Nunez, J. A. (2019). Impacto do estágio educacional na aplicação da aprendizagem invertida: Uma análise contrastante com o ensino tradicional. Sustentabilidade, 11(21):5968.

Preim, B., Saalfeld, P., & Hansen, C. (2021). Realidade Virtual e Aumentada para Anatomia Educacional. In: J.F. Uhl, J. Jorge, D.S. Lopes, & P.F. Campos, (eds), *Anatomia Digital.* Cham: Springer.

Qin, X., Zhang, Y., Gu, P., e Lin, L. (2020). O impacto das estratégias de aprendizagem cooperativa no envolvimento dos alunos na aprendizagem no ambiente de sala de aula inteligente. Na Conferência Internacional sobre Aprendizagem Combinada, páginas 365-377. Springer.

Radlak, K., Frackiewicz, M., Szczepanski, M., Kawulok, M., e Czardybon, M. (2015). Estúdio de visão adaptativa - ferramenta educacional para aprendizagem de processamento de imagem. Em 2015 IEEE Frontiers in Education Conference (FIE), páginas 1-8. IEEE.

Radu, I. (2014). Augmented reality in education: a meta-review and cross-media analysis. Personal and Ubiquitous Computing, 18(6):1533-1543.

Radu, I. (2014). Realidade aumentada na educação: A meta-review and cross-media analysis. Personal and Ubiquitous Computing, 18(6), 1533-1543.

Rahman, A. A., Aris, B., Mohamed, H., e Zaid, N. M. (2014). As influências da sala de aula invertida: A meta-analysis. Em 2014 IEEE 6ª Conferência sobre Educação em Engenharia (ICEED), páginas 24-28. IEEE.

Raman, A., Don, Y., Khalid, R., Hussin, F., Sofian Omar, M. e Ghani, M. (2014). Aceitação de tecnologia em smart board entre professores em Terengganu usando o modelo UTAUT. *Ciências Sociais Asiáticas, 10*(11): 84-92.

Rashmi, M., Ashwin, T., e Guddeti, R. M. R. (2021). Análise de vídeo de vigilância para reconhecimento e localização de ações de alunos dentro de laboratórios de informática de um campus inteligente. Ferramentas e aplicações multimédia, páginas 1-23.

Reitsma, R., Marshall, B., e Zarske, M. (2010). Aspectos da "relevância" no alinhamento do currículo com os padrões educacionais. Information processing & management, 46(3): 362-376.

Ren, H. e Xu, G. (2002). Reconhecimento da ação humana numa sala de aula inteligente. Em Actas da quinta conferência internacional do IEEE sobre reconhecimento automático de gestos faciais, páginas 417-422. IEEE.

Ren, H. e Xu, G. (2002). Reconhecimento da ação humana numa sala de aula inteligente. Em Actas da quinta conferência internacional do IEEE sobre reconhecimento automático de gestos faciais, páginas 417-422. IEEE.

Rizzo, A. A., Buckwalter, J. G., Bowerly, T., Van Der Zaag, C., Humphrey, L., Neumann, U., Chua, C., Kyriakakis, C., Van Rooyen, A., e Sisemore, D. (2000). A sala de aula virtual: um ambiente de realidade virtual para a avaliação e reabilitação de défices de atenção. Cyber Psychology & Behavior, 3(3):483-499.

Roberts, J. (2000). From know-how to show-how? questionando o papel das tecnologias de informação e comunicação na transferência de conhecimentos. Technology Analysis & Strategic Management, 12(4):429-443.

Rytivaara, A. (2012). Gestão colaborativa da sala de aula numa sala de aula co-administrada no ensino primário. Revista Internacional de Investigação Educacional, 53: 182-191.

Sadiku, M. N., Ashaolu, T. J., Ajayi-Majebi, A., e Musa, S. M. Artificial intelligence in education (Inteligência artificial na educação).

Saini, M. K. & Goel, N. (2019). Quão inteligentes são as salas de aula inteligentes? uma revisão das tecnologias de sala de aula inteligente. *ACM Computing Surveys (CSUR), 52*(6), 1-28.

Saini, M. K. e Goel, N. (2019). Quão inteligentes são as salas de aula inteligentes? uma revisão das tecnologias de sala de aula inteligente. ACM Computing Surveys (CSUR), 52(6):1-28.

Saini, M. K. e Goel, N. (2019). Quão inteligentes são as salas de aula inteligentes? uma revisão das tecnologias de sala de aula inteligente. *ACM Computing Surveys (CSUR)*, 52(6): 1-28.

Saini, M.K. & Goel, N. (2019) . Quão inteligentes são as salas de aula inteligentes? Uma revisão das tecnologias de salas de aula inteligentes. *ACM Computer Surveys, 52*(6), 1-29.

Schmidt, S. e Ralph, D. (2014). A sala de aula invertida: Uma reviravolta no ensino. conferência académica internacional do instituto clute.

Ciência e Educação (ICCSE), páginas 523-527. IEEE.

Shan, S. & Liu, Y. (2021). Projeto de Ensino Combinado do Curso de Educação em Saúde Mental de Estudantes Universitários Baseado em Inteligência Artificial Flipped Class. *Problemas matemáticos em engenharia, 2021,* 6679732.

Shi, Y., Xie, W., e Xu, G. (2002). Sala de aula remota inteligente: Criação de um sistema revolucionário de ensino à distância interativo em tempo real. Na Conferência Internacional sobre Aprendizagem Baseada na Web, páginas 130-141. Springer.

Shiomi, M., Kanda, T., Howley, I., Hayashi, K., e Hagita, N. (2015). Pode um robô social estimular a curiosidade científica nas salas de aula? International Journal of Social Robotics, 7(5):641-652.

Smith, H. J., Higgins, S., Wall, K., e Miller, J. (2005). Interactive whiteboards: boon or bandwagon? a critical review of the literature. Journal of Computer Assisted Learning, 21(2):91-101.

Soares, S.G., & Jorge, J. (2013). Sistemas de tutoria inteligente interoperáveis como recursos educacionais abertos. Revista IEEE Transactions on Learning Technologies, 6(3), pp. 271-282.

Sobota, B., Korecko, Š., Jacho, L., Pastornick˘ y, P., Hudák, M., e Siv` y, M. (2017). Tecnologias de realidade virtual e ambientes inteligentes no processo de educação de pessoas com deficiência. Em 2017 15th International Conference on Emerging eLearning Technologies and Applications (ICETA), páginas 1-6. IEEE.

Southgate, E., Blackmore, K., Pieschl, S., Grimes, S., McGuire, J., e Smithers, K. (2019). Inteligência artificial e tecnologias emergentes nas escolas.

Stavroulia, K.-E., Ruiz-Harisiou, A., Manouchou, E., Georgiou, K., Sella, F., e Lanitis, A. (2016). Um ambiente virtual 3d para formação de professores para identificação de bullying. Em 2016 18th Mediterranean Electrotechnical Conference (MELECON), páginas 1-6. IEEE.

Sun, Z., Ambarasan, M. & Kumar, P. (2021). Conceção de uma plataforma inteligente de ensino de inglês online baseada em técnicas de inteligência artificial. *Computational Intelligence, 37,* 1166-1180.

Suo, Y., Miyata, N., Morikawa, H., Ishida, T., e Shi, Y. (2008). Sala de aula inteligente aberta: Sistema de aprendizagem extensível e escalável num espaço inteligente utilizando a tecnologia de serviços Web. IEEE transactions on knowledge and data engineering, 21(6):814-828.

Sweller, J., Ayres, P., & Kalyuga, S. (2011). *Cognitive load theory (Teoria da carga cognitiva).* New York: Springer.

Sweller, J., van Merrie¨nboer, J. J., & Paas, F. (2019). Arquitetura cognitiva e design instrucional: 20 anos depois. *Revista de Psicologia Educacional, 31*(2), 261-292

Taha, A.-E.M. & Elabd, A. (2021). IoT para sustentabilidade certificada em edifícios inteligentes. *IEEE Network, 35*(4), 241-247.

Tangkittipon, P., Sawatdirat, A., Lakkhanawannakun, P. & Noyunsan, P. (2020). Facilitando uma sala de aula invertida usando o Chatbot: Um modelo conceitual. *Jornal Internacional de Tecnologia de Engenharia de Mahasarakham, 6*(2), 103-108.

Taylor, M. E. e Boyer, W. (2020). Aprendizagem baseada no brincar: Investigação baseada em provas para melhorar as experiências de aprendizagem das crianças na sala de aula do jardim de infância. *Revista de Educação da Primeira Infância,* 48(2):127-133.

Tecnologia em Computação, Comunicação e Eletrónica (ETCCE), páginas 1-5. IEEE.

Thomas, C. e Jayagopi, D. B. (2017). Prever o envolvimento dos alunos nas salas de aula usando pistas comportamentais faciais. Em Proceedings of the 1st ACM SIGCHI international workshop on multimodal interaction for education, páginas 33-40.

Thulasimani, I. (2021). Mudar o panorama da educação com tecnologia profunda. *Indústria - Edutech, 3,* 54-56.

Timms, M. J. (2016). Deixando a inteligência artificial na educação fora da caixa: robôs educacionais e salas de aula inteligentes. Revista Internacional de Inteligência Artificial na Educação, 26(2):701-712.

Tolentino, L., Birchfield, D., e Kelliher, A. (2009). Smallab para necessidades especiais: Utilização de uma plataforma de realidade mista para explorar a aprendizagem de crianças com autismo. In Proceedings of the NSF Media Arts, Science and Technology Conference, Santa Barbara, CA, EUA, páginas 29-30.

Torres, D. R. et al. (2011). Realidad aumentada, educación y museos. Revista ICONO14 Revista científica de Comunicação e Tecnologias emergentes, 9(2):212-226.

Tucker, B. (2012). A sala de aula invertida. Education next, 12(1):82-83.

Uskov, V. L., Howlett, R. J., e Jain, L. C. (2015). Educação inteligente e e-learning inteligente, volume 41. Springer.

Uskov, V.L., Bakken, J.P., Howlett, R.J., & Jain, L.C. (2017). *Universidades inteligentes: Concepts, Systems, and Technologies.* Cham: Springer.

Vargas, C. J. e Cordero, N. G. (2018). Percepción estudiantil sobre el uso de estrategias didácticas basadas en el modelo pedagógico aula invertida para el logro de aprendizajes significativos en la escuela de secretariado profesional de la universidad nacional. rESPaldo: Revista Internacional en Administración de Oficinas y Educación Comercial, 3(2):17-37.

Waheed, H., Hassan, S.-U., Aljohani, N. R., Hardman, J., Alelyani, S., e Nawaz, R. (2020). Prevendo o desempenho acadêmico dos alunos a partir de vle big data usando modelos de aprendizado profundo. Computadores em comportamento humano, 104:106189.

Wang, H.C., & Chen, C.W.Y. (2019). Aprendendo inglês com YouTubers: Aprendizagem de língua auto-regulada dos alunos de inglês L2 no YouTube. *Inovação na aprendizagem e no ensino de línguas, 14*(4), 333-346.

Wang, K., Yang, J., Guo, D., Zhang, K., Peng, X., e Qiao, Y. (2019). Conjunto de modelos de bootstrap e perda de classificação para regressão de intensidade de engajamento. Em 2019 Conferência Internacional sobre Interação Multimodal, páginas 551-556.

Wang, Y. (2015). Modelo de ensino interativo de inglês baseado na Internet das coisas Palavras-chave Internet das coisas. Int. Conf. Comput. Appl. Syst. Model. 2015.

Wankel, C. & Blessinger, P. (2013). *Aumentar o envolvimento e a retenção dos alunos utilizando as tecnologias da sala de aula: Classroom Response Systems and Mediated Discourse Technologies (Sistemas de resposta na sala de aula e tecnologias de discurso mediado).* Reino Unido: Emerald Group Publishing Limited.

Wankel, C. & Blessinger, P. (2013). *Aumentar o envolvimento e a retenção dos alunos utilizando as tecnologias da sala de aula: Classroom Response Systems and Mediated Discourse Technologies (Sistemas de resposta na sala de aula e tecnologias de discurso mediado).* Reino Unido: Emerald Group Publishing Limited.

Warschauer, M. e Grimes, D. (2008). Avaliação automatizada da escrita na sala de aula. Pedagogies: An International Journal, 3(1):22-36.

Wasdahl, A. (2020). Aprendizagem síncrona vs. assíncrona: Estratégias para ambientes remotos.

Wei, X., Weng, D., Liu, Y. & Wang, Y. (2015). Ensino baseado em realidade aumentada para um curso de design técnico criativo. *Computadores e Educação, 81,* 221-234.

West, D. M. (2018). *O futuro do trabalho: Robots, AI, and automation.* Washington: Brookings Institution Press.

West, D. M. (2018). *O futuro do trabalho: Robots, AI, and automation.* Washington: Brookings Institution Press.

Wu, H.-K., Lee, S.W.-Y., Chang, H.-Y., & Liang, J.-C. (2013). Situação atual, oportunidades e desafios da realidade aumentada na educação. *Computadores e Educação, 62*, 41-49.

Wu, H.-K., Lee, S.W.-Y., Chang, H.-Y., & Liang, J.-C. (2013). Situação atual, oportunidades e desafios da realidade aumentada na educação. *Computadores e Educação, 62*, 41-49.

Wu, H.-K., Lee, S.W.-Y., Chang, H.-Y., & Liang, J.-C. (2013). Situação atual, oportunidades e desafios da realidade aumentada na educação. *Computadores e Educação, 62*, 41-49.

Wu, X., Yang, Y., Yu, X., e Zheng, C. (2020). Sistema de sala de aula inteligente baseado na tecnologia da Internet das coisas. Na conferência internacional sobre Big Data Analytics for Cyber-Physical-Systems, páginas 610-616. Springer.

Xie, W., Shi, Y., Xu, G., e Xie, D. (2001). Smart classroom-um ambiente inteligente para tele-educação. Em Pacific-Rim Conference on Multimedia, páginas 662-668. Springer.

Xu, D., & Jaggars, S.S. (2013). Lacunas de desempenho entre cursos on-line e presenciais: Differences across Types of Students and Academic Subject Areas. *The Journal of Higher Education, 85*(5), 633-59.

Yang, A., Han, M., Zeng, Q., & Sun, Y. (2021). *Avanços em Engenharia Civil.* DOI: 10.1155/2021/8811476.

Yang, J., Pan, H., Zhou, W., e Huang, R. (2018). Avaliação da sala de aula inteligente do ponto de vista da infusão de tecnologia na pedagogia. Ambientes de aprendizagem inteligentes, 5(1):1-11.

Yang, S. e Chen, L. (2011). Um sistema de feedback baseado na deteção de rosto e olhos para salas de aula inteligentes. Em Proceedings of 2011 International Conference on Electronic & Mechanical Engineering and Information Technology, volume 2, páginas 571-574. IEEE.

Yannier, N., Hudson, S. & Koedinger, K. (2020). A aprendizagem ativa é mais do que prática: um sistema de IA de realidade mista para apoiar a educação STEM. *Revista Internacional de Inteligência Artificial na Educação, 30,* 74-96.

Yau, S. S., Gupta, S. K., Karim, F., Ahamed, S. I., Wang, Y., e Wang, B. (2003). Sala de aula inteligente: Melhorar a aprendizagem em colaboração utilizando a tecnologia de computação omnipresente. Em Proceedings of 2nd ASEE International Colloquium on Engineering Education (ASEE2003), páginas 1-10.

Yu, H., Wang, J., Crespo, R.G., & Sanjuán, O. (2020). Sistema de Gestão e Deteção de Qualidade Baseado em Inteligência Artificial para Aprendizagem Personalizada. Inteligência Artificial IP, 1(20).

Yu, S., Niemi H. & Mason J. (eds). (2019). *Moldar as escolas do futuro com a tecnologia digital. Perspectivas de repensar e reformar a educação.* Singapura: Springer.

Zhang, Y., Li, X., Zhu, L., Dong, X., e Hao, Q. (2019). O que é uma sala de aula inteligente? uma revisão da literatura. In: S. Yu, H. Niemi e J. Mason (eds), *Shaping Future Schools with Digital Technology. Perspectivas para repensar e reformar a educação* (pp. 25-40). Springer: Singapura.

Zhang, Z., Cao, T., Shu, J., Zhi, M., Liu, H., e Li, Z. (2017). Exploração do padrão de ensino combinado baseado em HStar e sala de aula inteligente. Em 2017, Simpósio Internacional de Tecnologia Educacional (ISET), páginas 3-7. IEEE.

Zhao, J., Lin, L., Sun, J. & Liao, Y. (2020). Usando a estratégia de resumo para envolver os alunos: Evidências empíricas em um ambiente de realidade virtual imersiva. *Pesquisa Educacional Ásia-Pacífico, 29*(5), 473-482.

Zheng, R. (Ed.) (2020). *Perspectivas cognitivas e afetivas sobre tecnologia imersiva na educação* (2ª ed). Hershey, PA: IGI Global.

Zhou, F., Duh, H. B. L., & Billinghurst, M. (2008). Tendências no rastreio, interação e visualização da realidade aumentada: A review of 10 years of ISMAR. Actas do 7.º simpósio internacional IEEE/ACM sobre realidade mista e aumentada, IEEE Computer Society, 193-202.

Zhu X., Liu Y., Li J., Wan T., Qin Z. (2018). Classificação de emoções com aumento de dados usando redes adversárias generativas. Em: D. Phung, V. Tseng, G. Webb, B. Ho, M. Ganji, & L. Rashidi (eds), *Avanços na descoberta de conhecimento e mineração de dados. PAKDD 2018. Notas de aula em Ciência da Computação, vol 10939*. Cham: Springer. https://doi.org/10.1007/978-3-319-93040-4_28

Helms, A. S., Schmiegelow, K., Brok, J., Johansen, C., Thorsteinsson, T., Simovska, V., & Larsen, H. B. (2016). Facilitação da reentrada na escola e aceitação pelos pares de crianças com cancro: A review and meta-analysis of intervention studies. *European Journal of Cancer Care, 25*(1), 170-179.

Soares, N., Kay, J. C., & Craven, G. (2017). Soluções de telepresença robótica móvel para a educação de crianças hospitalizadas. *Perspectivas em Gestão da Informação em Saúde, 14*, 1e.

Weibel, M., Nielsen, M. K. F., Topperzer, M. K., Hammer, N. M., Møller, S. W., Schmiegelow, K., et al. (2020). De volta à escola com tecnologia de robô de telepresença: um estudo piloto qualitativo sobre como os robôs de telepresença ajudam crianças e adolescentes em idade escolar com câncer a permanecerem social e academicamente conectados com suas aulas durante o tratamento. *Nursing Open, 7,* 988-997.

Kaplan, A. D., Cruit, J., Endsley, M., Beers, S. M., Sawyer, B. D., & Hancock, P. A. (2020). Os efeitos da realidade virtual, realidade aumentada e realidade mista como métodos de aprimoramento de treinamento: uma meta-análise. *Human Factors, 63,* 706-726.

Bakken, J.P., Uskov, V.L., Penumatsa, A., & Doddapaneni, A. (2016). Universidades inteligentes, salas de aula inteligentes e estudantes com deficiência. In: V. Uskov, R. Howlett, & L. Jain (eds), *Smart Education and e-Learning 2016: Inovação, sistemas e tecnologias inteligentes* (pp. 15-27). Cham: Springer.

Balfour, S.P. (2013). Avaliação da escrita em MOOCs: Automated essay scoring and calibrated peer review. *Investigação e Prática em Avaliação, 8,* 40-48.

Zughoul, O., Momani, F., Almasri, O.H., Zaidan, A, Zaidan, B., Alsalem, Albahri, O., Albahri, A. & Hashim, M. (2018). Insights abrangentes sobre os critérios de desempenho dos alunos em vários domínios educacionais. *IEEE Access, 6,* 73245-73264.

Sejnowski, T.J. (2020). A eficácia irracional da aprendizagem profunda na inteligência artificial. *Actas da Academia Nacional das Ciências, 117* (48), 30033-30038.

Wolter, Diedrich e Alexandra Kirsch. "Ambientes inteligentes: What is it and why should we care?". KI-Künstliche Intelligenz 31.3 (2017): 231-237.

Don Norman. The Design of Future Things. Basic Books, 2007.

Butner, Karen e Grace Ho. "Como o intercâmbio homem-máquina transformará as operações comerciais". Strategy & Leadership (2019).

Sahu, Chandan K., Crystal Young e Rahul Rai. "Inteligência artificial (IA) em aplicações de fabricação assistidas por realidade aumentada (AR): uma revisão." Jornal Internacional de Pesquisa de Produção 59.16 (2021): 4903-4959.

El Beheiry, Mohamed, et al. "Realidade virtual: para além da visualização". Jornal de biologia molecular 431.7 (2019): 1315-1321.

Liu, Jialin, et al. "Aprendizagem profunda para a geração de conteúdos processuais". Computação Neural e Aplicações (2020): 1-19.

Ali, Md Yousuf, Xuan-De Zhang, e Md Harun-Ar-Rashid. "Deteção de atividades estudantis do SUST usando YOLOv3 no Deep Learning." Jornal Indonésio de Engenharia Elétrica e Informática (IJEEI) 8.4 (2020): 757-769.

Kong, Yu, e Yun Fu. "Reconhecimento e previsão da ação humana: A survey." arXiv preprint arXiv:1806.11230 (2018).

Vrigkas, Michalis, Christophoros Nikou, e Ioannis A. Kakadiaris. "Uma revisão dos métodos de reconhecimento da atividade humana". Frontiers in Robotics and AI 2 (2015): 28.

Zhou, Xiaokang, et al. "Reconhecimento da atividade humana melhorado por aprendizagem profunda para a Internet dos cuidados de saúde". IEEE Internet of Things Journal 7.7 (2020): 6429-6438.

Lin, Feng-Cheng, et al. "Sistema de reconhecimento do comportamento do aluno para o ambiente da sala de aula baseado na estimativa da pose do esqueleto e na deteção de pessoas". Sensores 21.16 (2021): 5314.

Wu, Xia, et al. "Sistema de sala de aula inteligente baseado na tecnologia da Internet das coisas". Conferência internacional sobre análise de grandes volumes de dados para sistemas ciber-físicos. Springer, Singapura, 2020.


Hsu, Chia-Cheng, et al. "Desenvolvimento de um sistema de monitorização da concentração de leitura através da aplicação de um algoritmo de colónia de abelhas artificiais a livros electrónicos numa sala de aula inteligente." Sensors 12.10 (2012): 14158-14178.

Lin, Hanhui, et al. "Sistema de recomendação adaptativo para um modelo de ensino inteligente em sala de aula". Revista Internacional de Tecnologias Emergentes em Aprendizagem 14.5 (2019).

Diedrich Wolter, Alexandra Kirsch. Ambientes inteligentes: KI - Künstliche Intelligenz, Springer Nature, 2017, 31 (3), pp.231 - 237. 10.1007/s13218-017-0498-4.hal-01693761

Augusto, Juan C., et al. "Ambientes inteligentes: um manifesto". Computação centrada no ser humano e ciências da informação 3.1 (2013): 1-18.

Kamińska, Dorota, et al. "Realidade virtual e suas aplicações na educação: Inquérito". Informação 10.10 (2019): 318.

Ngoc Anh, Bui, et al. "Uma aplicação baseada na visão computacional para a monitorização do comportamento dos alunos na sala de aula." Ciências Aplicadas 9.22 (2019): 4729.

Francisco, Christopher. "Eficácia de uma sala de aula online para uma aprendizagem flexível". Revista Internacional de Pesquisa Acadêmica Multidisciplinar (IJAMR) 4.8 (2020): 100-107.

Jackson, Sherion H. "Student Questions: Um caminho para o envolvimento e a presença social na sala de aula online". Jornal de Educadores Online 16.1 (2019): n1.

Hiltz, Starr Roxanne, e Peter Shea. "O aluno na sala de aula em linha". Learning together online: Research on asynchronous learning networks (2005): 145-168.

Rufai, M. M., S. O. Alebiosu, e O. A. S. Adeakin. "Um modelo concetual para a gestão de salas de aula virtuais". International Journal of Computer Science, Engineering, and Information Technology 5.1 (2015): 27-32.

Raes, Annelies, et al. "Learning and instruction in the hybrid virtual classroom: Uma investigação sobre o envolvimento dos alunos e o efeito dos questionários". Computadores e Educação 143 (2020): 103682.

Johal, Wafa, et al. "Robôs para aprender". Revista Internacional de Robótica Social 10.3 (2018): 293-294.

Broadbent, Elizabeth, et al. "Como é que os robôs de companhia podem ser úteis nas escolas rurais?". International Journal of Social Robotics 10.3 (2018): 295-307.

Feil-Seifer D, Mataric MJ (2009) Toward socially assistive robotics for augmenting interventions for children with autism spectrum disorders. Spr Tra Adv Robot 54:201-210

Han J, Jo M, Park S et al (2005) A utilização educativa de robots domésticos para crianças. In: Conferência internacional do IEEE sobre comunicação interactiva entre robôs e humanos, RO-MAN, pp 378-383

Woo, Hansol, et al. "The Use of Social Robots in Classrooms: Uma revisão de estudos baseados em campo". Revisão de Pesquisa Educacional (2021): 100388.

Jones, Aidan, e Ginevra Castellano. "Tutores robóticos adaptativos que apoiam a aprendizagem auto-regulada: Uma investigação a longo prazo com crianças do ensino primário". International Journal of Social Robotics 10.3 (2018): 357-370.

Crompton, Helen, Kristen Gregory e Diane Burke. "Robôs humanóides que apoiam a aprendizagem das crianças num ambiente de primeira infância". Jornal Britânico de Tecnologia Educacional 49.5 (2018): 911-927.

Werner-Seidler A, Perry Y, Calear AL, Newby JM, Christensen H (2017) Programas de prevenção de depressão e ansiedade baseados na escola para jovens: uma revisão sistemática e meta-análise. Clin Psychol Rev 51:30-47Retorno

Ozdamli, Fezile, e Gulsum Asiksoy. "Flipped classroom approach" [Abordagem da sala de aula invertida]. Revista Mundial de Tecnologia Educacional: Current Issues 8.2 (2016): 98-105.

Lai, Chiu-Lin, e Gwo-Jen Hwang. "Uma abordagem de sala de aula invertida e autorregulada para melhorar o desempenho de aprendizagem dos alunos num curso de matemática." Computadores & Educação 100 (2016): 126-140.

Enfield, J. (2013). Análise do impacto do modelo de ensino de sala de aula invertida em estudantes de licenciatura em multimédia na CSUN. TechTrends, 57(6), 14-17.

Ye, Liang, et al. "Um algoritmo combinado de deteção de bullying escolar por movimento e áudio". Jornal Internacional de Reconhecimento de Padrões e Inteligência Artificial 32.12 (2018): 1850046.

Gutierrez, Edgar Omar Cebolledo e Olga De Troyer. "SimBully: Uma simulação de 'bullying nas escolas'". FDG. 2014.

Fjørtoft, Ingunn, Bjørn Kristoffersen e Jostein Sageie. "Children in schoolyards: Tracking movement patterns and physical activity in schoolyards using global positioning system and heart rate monitoring." Landscape and urban planning 93.3-4 (2009): 210-217.

Diwanji, Prajakta, Knut Hinkelmann e Hans Friedrich Witschel. "Melhorar a preparação da sala de aula para a sala de aula invertida usando IA e Analytics". ICEIS (1). 2018.

Jean-Charles, Alex. "Internet das coisas na educação: Assistente de voz com inteligência artificial na sala de aula". Conferência Internacional da Sociedade para a Tecnologia da Informação e Formação de Professores. Associação para o Avanço da Computação na Educação (AACE), 2018.

Chong, Miranda, Lucia Specia, e Ruslan Mitkov. "Utilização do processamento de linguagem natural para a deteção automática de plágio". Actas da 4.ª Conferência Internacional sobre Plágio (IPC-2010). 2010.

Hersh, William. "Recuperação de informação". Biomedical Informatics. Springer, Cham, 2021. 755-794.

Benta, Dan, et al. "Ensino e aprendizagem a nível universitário através de plataformas de e-learning". Procedia Computer Science 55 (2015): 1366-1373.

Benta, Dan, Gabriela Bologa e Ioan Dzitac. "Plataformas de e-learning no ensino superior. Case study." Procedia Computer Science 31 (2014): 1170-1176.

Winkler, Rainer, e Matthias Söllner. "Libertar o potencial dos chatbots na educação: A state-of-the-art analysis". (2018).

Zhou, L., Gao, J., Li, D., & Shum, H. Y. (2020). O design e a implementação do xiaoice, um chatbot social empático. Computational Linguistics, 46(1), 53-93. https://doi.org/10.1162/coli_a_00368

Kim, N. Y., Cha, Y., & Kim, H. S. (2019). Aprendizagem futura do inglês: Chatbots e inteligência artificial. Aprendizagem de línguas assistida por multimédia, 22(3), 32-53.

Hill, J., Ford, W. R., & Farreras, I. G. (2015). Conversas reais com inteligência artificial: A comparison between human- human online conversations and human- chatbot conversations. Computers in Human Behavior, 49, 245-250. https://doi.org/10.1016/j.chb.2015.02.026

Wu, E. H. K., Lin, C. H., Ou, Y. Y., Liu, C. Z., Wang, W. K., & Chao, C. Y. (2020). Vantagens e restrições de um modelo híbrido de chatbot assistente de e-learning K-12. IEEE Access, 8, 77788-77801. https://doi.org/10.1109/ACCESS.2020.2988252

Chowdhury, Gobinda G. "Natural language processing". Revisão anual da ciência e tecnologia da informação 37.1 (2003): 51-89.

Weizenbaum, J. (1966). ELIZA - um programa de computador para o estudo da comunicação em linguagem natural entre homem e máquina. Communications of the ACM, 9(1), 36-45. https://doi.org/10.1145/365153.365168

Guttormsen, M., Bürger, A., Hansen, T. E., & Lietaer, N. (2011). O sistema de telescópio de partículas SiRi. Nuclear Instruments & Methods in Physics Research Section A-Accelerators Spectrometers Detectors and Associated Equipment, 648(1), 168- 173. https://doi.org/10.1016/j.nima.2011.05.055

Teja, S. V. (2020). Chatbot usando aprendizado profundo. Revista de Liderança Académica-Online, 21(6), 428-438.

Poppinga, Bernd, e Tim Laue. "JET-Net: deteção de objectos em tempo real para robôs móveis". Campeonato do Mundo de Robôs. Springer, Cham, 2019.

Ben-Ari, Mordechai, e Francesco Mondada. "Robôs e suas aplicações". Elementos de robótica. Springer, Cham, 2018. 1-20.

Thomaz, Andrea Lockerd, Guy Hoffman e Cynthia Breazeal. "Aprendizagem por reforço interativo em tempo real para robôs". Workshop AAAI 2005 sobre aprendizagem de máquinas compreensível por humanos. 2005.

Clarizia, Fabio, et al. "Chatbot: Um sistema de apoio à educação do aluno". Simpósio Internacional de Segurança e Proteção do Ciberespaço. Springer, Cham, 2018.

Benotti, Luciana, Mara Cecília Martnez, e Fernando Schapachnik. "Uma ferramenta para introdução à ciência da computação com avaliação formativa automática". IEEE Transactions on Learning Technologies 11.2 (2017): 179-192.

Wu, Eric Hsiao-Kuang, et al. "Vantagens e restrições de um modelo híbrido de chatbot assistente de e-learning K-12". IEEE Access 8 (2020): 77788-77801.

Pereira, Juanan. "Aproveitamento de chatbots para melhorar a aprendizagem auto-guiada através de questionários conversacionais". Actas da quarta conferência internacional sobre ecossistemas tecnológicos para o reforço da multiculturalidade. 2016.

Kim, Na-Young. "Um estudo sobre a utilização de chatbots de inteligência artificial para melhorar as competências gramaticais em inglês". Journal of Digital Convergence 17.8 (2019): 37-46.

Ellern, Gillian Jill D., e Heidi E. Buchanan. "Sem fios? Desafios e sucessos na criação de uma sala de aula de aprendizagem ativa flexível e sem fios". Biblioteca Hi Tech (2018).

Sahlström, Fritjof, Marie Tanner e Verneri Valasmo. "Jovens ligados, salas de aula ligadas. Utilização de smartphones e participação de alunos e professores durante o ensino em plenário." Aprendizagem, cultura e interação social 21 (2019): 311-331.

Paakkari, Antti, Pauliina Rautio e Verneri Valasmo. "Trabalho digital na escola: Smartphones e suas consequências nas salas de aula". Aprendizagem, Cultura e Interação Social 21 (2019): 161-169.

Benotti, Luciana, Mara Cecília Martnez, e Fernando Schapachnik. "Uma ferramenta para introdução à ciência da computação com avaliação formativa automática". IEEE Transactions on Learning Technologies 11.2 (2017): 179-192.

Pereira, Juanan. "Aproveitamento de chatbots para melhorar a aprendizagem auto-guiada através de questionários conversacionais". Actas da quarta conferência internacional sobre ecossistemas tecnológicos para o reforço da multiculturalidade. 2016.

Kong, Yu, e Yun Fu. "Reconhecimento e previsão da ação humana: A survey." arXiv preprint arXiv:1806.11230 (2018).

Herath, Samitha, Mehrtash Harandi e Fatih Porikli. "Aprofundar o reconhecimento de acções: A survey". Computação de imagem e visão 60 (2017): 4-21.

Poppe, Ronald. "Um estudo sobre o reconhecimento da ação humana com base na visão". Image and vision computing 28.6 (2010): 976-990.

Wang, Rongrong, et al. "Student Behavior Recognition in Remote Video Classrooms". Avanços na ocultação inteligente de informações e processamento de sinais multimédia. Springer, Singapura, 2021. 496-504.

Kar, Nirmalya, et al. "Estudo da implementação de um sistema de atendimento automatizado utilizando a técnica de reconhecimento facial". International Journal of computer and communication engineering 1.2 (2012): 100.

Kawaguchi, Yohei, et al. "Sistema de assistência a palestras baseado no reconhecimento facial". O 3º workshop da AEARU sobre educação em rede. 2005.

Lukas, Samuel, et al. "Sistema de atendimento ao aluno na sala de aula usando a técnica de reconhecimento facial". 2016 Conferência Internacional sobre Convergência das Tecnologias de Informação e Comunicação (ICTC). IEEE, 2016.

Bhattacharya, Shubhobrata, et al. "Sistema inteligente de monitorização da assiduidade (SAMS): um sistema de assiduidade baseado no reconhecimento facial para ambiente de sala de aula." 2018 IEEE 18ª Conferência Internacional sobre Tecnologias Avançadas de Aprendizagem (ICALT). IEEE, 2018.

Pham, Tuan V., et al. "Proposta de modelo de universidade inteligente como um laboratório de vida sustentável para a transformação digital da universidade". 2020 5ª Conferência Internacional sobre Tecnologia Verde e Desenvolvimento Sustentável (GTSD). IEEE, 2020.

Ishiguro, Hiroshi, et al. "Robovie: um robô humanoide interativo". Industrial robot: An international journal (2001).

Okita, Sandra Y., Victor Ng-Thow-Hing e Ravi Sarvadevabhatla. "Aprender em conjunto: ASIMO desenvolvendo uma parceria de aprendizagem interactiva com crianças". RO-MAN 2009 - 18.º Simpósio Internacional do IEEE sobre Comunicação Interactiva entre Robôs e Humanos. IEEE, 2009.

You, Zhen-Jia, et al. "Um robô como assistente de ensino numa aula de inglês". Sexta conferência internacional do IEEE sobre tecnologias de aprendizagem avançadas (ICALT'06). IEEE, 2006.

Han, Jeong-Hye, Dong-Ho Kim e Jong-Won Kim. "Actividades de aprendizagem física com um robô assistente de ensino na aula de música do ensino básico". 2009 Quinta Conferência Internacional Conjunta sobre INC, IMS e IDC. IEEE, 2009.

Han, Jeonghye, e Dongho Kim. "Serviços de r-Learning para alunos do ensino básico com um robô assistente de ensino". 2009 4ª Conferência Internacional ACM/IEEE sobre Interação Homem-Robot (HRI). IEEE, 2009.

Osada, Junichi, Shinichi Ohnaka e Miki Sato. "O cenário e o processo de conceção do robô de cuidados infantis, PaPeRo". Actas da conferência internacional ACM SIGCHI 2006 sobre avanços na tecnologia de entretenimento por computador. 2006.

Hashimoto, Takuya, Naoki Kato e Hiroshi Kobayashi. "Desenvolvimento de um sistema educativo com o robô androide SAYA e avaliação". International Journal of Advanced Robotic Systems 8.3 (2011): 28.

Salichs, Miguel A., et al. "Maggie: Uma plataforma robótica para a interação social entre humanos e robôs". Conferência IEEE 2006 sobre robótica, automação e mecatrónica. IEEE, 2006.

Causo, Albert, et al. "Design of robots used as education companion and tutor." Robótica e mecatrónica. Springer, Cham, 2016. 75-84.

Kollia, Ilianna, e Georgios Siolas. "Utilização do sistema cognitivo IBM Watson em contextos educativos". 2016 IEEE Symposium Series on Computational Intelligence (SSCI). IEEE, 2016.

Tian, Xiaoyi, et al. "Let's Talk It Out: Um Chatbot para uma mudança comportamental eficaz do hábito de estudo." Proceedings of the ACM on Human-Computer Interaction 5.CSCW1 (2021): 1-32.

Morrissey, Kellie, e Jurek Kirakowski. "'Realidade' em chatbots: estabelecendo critérios quantificáveis". Conferência internacional sobre interação humano-computador. Springer, Berlim, Heidelberg, 2013.

Pereira, Juanan. "Aproveitamento de chatbots para melhorar a aprendizagem auto-guiada através de questionários conversacionais". Actas da quarta conferência internacional sobre ecossistemas tecnológicos para o reforço da multiculturalidade. 2016.

Lee, Jang Ho, et al. "Chatbots". (2020): 338-344.

Singh, Jagdish, Minnu Helen Joesph, e Khurshid Begum Abdul Jabbar. "Chabot baseado em regras para inquéritos a estudantes". Journal of Physics: Conference Series. Vol. 1228. No. 1. IOP Publishing, 2019.

Karri, Satyendra Praneel Reddy, e B. Santhosh Kumar. "Técnicas de aprendizagem profunda para implementação de chatbots". Conferência Internacional 2020 sobre Comunicação por Computador e Informática (ICCCI). IEEE, 2020.

Causo, Albert, et al. "Design of robots used as education companion and tutor." Robótica e mecatrónica. Springer, Cham, 2016. 75-84.

Pham, Tuan V., et al. "Proposta de modelo de universidade inteligente como um laboratório de vida sustentável para a transformação digital da universidade". 2020 5ª Conferência Internacional sobre Tecnologia Verde e Desenvolvimento Sustentável (GTSD). IEEE, 2020.

Weibel, Mette, et al. "Regresso à escola com tecnologia de robôs de telepresença: Um estudo piloto qualitativo sobre como os robôs de telepresença ajudam crianças e adolescentes em idade escolar com cancro a permanecerem social e academicamente ligados às suas aulas durante o tratamento." Enfermagem aberta 7.4 (2020): 988-997.

Hashimoto, Takuya, Naoki Kato e Hiroshi Kobayashi. "Desenvolvimento de um sistema educativo com o robô androide SAYA e avaliação". International Journal of Advanced Robotic Systems 8.3 (2011): 28.

Han, Jeonghye, e Dongho Kim. "Serviços de r-Learning para alunos do ensino básico com um robô assistente de ensino". 2009 4ª Conferência Internacional ACM/IEEE sobre Interação Homem-Robot (HRI). IEEE, 2009.

Salichs, Miguel A., et al. "Maggie: Uma plataforma robótica para a interação social entre humanos e robôs". Conferência IEEE 2006 sobre robótica, automação e mecatrónica. IEEE, 2006.

Osada, Junichi, Shinichi Ohnaka e Miki Sato. "O cenário e o processo de conceção do robô de cuidados infantis, PaPeRo". Actas da conferência internacional ACM SIGCHI 2006 sobre avanços na tecnologia de entretenimento por computador. 2006.

Ishiguro, Hiroshi, et al. "Robovie: um robô humanoide interativo". Industrial robot: An international journal (2001).

Okita, Sandra Y., Victor Ng-Thow-Hing e Ravi Sarvadevabhatla. "Aprender em conjunto: O ASIMO desenvolve uma parceria de aprendizagem interactiva com crianças". RO-MAN 2009 - 18.º Simpósio Internacional do IEEE sobre Comunicação Interactiva entre Robôs e Humanos. IEEE, 2009.

Johal, Wafa, et al. "Robôs para aprender". Revista Internacional de Robótica Social 10.3 (2018): 293-294.

Pakanati, Dhanush, Gourav Thanner e R. Ravinder Reddy. "Design do College Chatbot usando o Amazon Web Services". (2020).

Lau, Theng B., Ann C. Ong e Fernando A. Putra. "Monitorização não invasiva de pessoas com deficiência através da deteção de movimento". Revista Internacional de Sistemas de Processamento de Sinais 2.1 (2014): 37-41.

Kim, Jeongah, e Jaekwoun Shim. "Desenvolvimento de um aplicativo educacional de IA baseado em AR para não-majors". IEEE Access (2022).

Kaviyaraj, R., e M. Uma. "Uma pesquisa sobre o futuro da realidade aumentada com IA na educação". 2021 Conferência Internacional sobre Inteligência Artificial e Sistemas Inteligentes (ICAIS). IEEE, 2021.

Lu, Su-Ju, e Ying-Chieh Liu. "Integração da tecnologia de realidade aumentada para melhorar a aprendizagem das crianças na educação marinha". Environmental Education Research 21.4 (2015): 525-541.

Alakärppä, Ismo, et al. "Utilização de elementos da natureza na AR móvel para a educação de crianças". Actas da 19.ª Conferência Internacional sobre interação humano-computador com dispositivos e serviços móveis. 2017.

Ibáñez, María Blanca, et al. "Experimentar o eletromagnetismo utilizando a realidade aumentada: Impacto na experiência do aluno de fluxo e na eficácia educacional." Computadores & Educação 71 (2014): 1-13.

Kerr, Jeremy, e Gillian Lawson. "Realidade aumentada na educação em design: estudos de arquitetura paisagística como experiência de RA." Jornal Internacional de Educação em Arte e Design 39.1 (2020): 6-21.

Cai, Su, et al. "Tecnologia de RA baseada em tablets: Impactos nas concepções e abordagens dos alunos para aprender matemática de acordo com a sua autoeficácia". Jornal Britânico de Tecnologia Educacional 50.1 (2019): 248-263.

Enyedy, Noel, et al. "Aprender física através do jogo num ambiente de realidade aumentada". Revista internacional de aprendizagem colaborativa apoiada por computador 7.3 (2012): 347-378.

Yoon, Susan A., et al. "Using augmented reality and knowledge-building scaffolds to improve learning in a science museum." International Journal of Computer-Supported Collaborative Learning 7.4 (2012): 519-541.

Reeves, Laura E., et al. "Utilização da realidade aumentada (RA) para ajudar o ensino das biociências e enriquecer a experiência dos estudantes". Pesquisa em Tecnologia de Aprendizagem 29 (2021): 2572.

Dünser, Andreas, e Eva Hornecker. "Lições de um estudo de um livro de RA". Actas da 1.ª conferência internacional sobre interação tangível e incorporada. 2007.

Kaufmann, Hannes, e Dieter Schmalstieg. "Ensino de matemática e geometria com realidade aumentada colaborativa". Resumos e aplicações da conferência ACM SIGGRAPH 2002. 2002.

Valdez, M.T.; Ferreira, C.M.; Martins, M.J.M.; Barbosa, F.M. Experiências de realidade virtual 3D para promover o ensino de engenharia eléctrica. In Proceedings of the 2015 International Conference on Information Technology Based Higher Education and Training (ITHET), Lisboa, Portugal, 11-13 de junho de 2015; pp. 1-4.

Alfalah, S.F.; Falah, J.F.; Alfalah, T.; Elfalah, M.; Muhaidat, N.; Falah, O. Um estudo comparativo entre um sistema de anatomia cardíaca de realidade virtual e modalidades tradicionais de ensino médico. Virtual Real. 2019, 23, 229-234.

Mintz, R.; Litvak, S.; Yair, Y. Realidade virtual 3D no ensino das ciências: Uma implicação para o ensino da astronomia. J. Comput. Math. Sci. Teach. 2001, 20, 293-305.

Parmar, D.; Isaac, J.; Babu, S.V.; D'Souza, N.; Leonard, A.E.; Jörg, S.; Gundersen, K.; Daily, S.B. Movimentos de programação: Design e avaliação da aplicação da interação incorporada em ambientes virtuais para melhorar o pensamento computacional em alunos do ensino médio. In Proceedings of the 2016 IEEE Virtual Reality (VR), Greenville, SC, EUA, 19-23 de março de 2016; pp. 131-140.

Blyth, C. Immersive technologies and language learning (Tecnologias imersivas e aprendizagem de línguas). Foreign Lang. Ann. 2018, 51, 225-232.

Ip, H.H.;Wong, S.W.; Chan, D.F.; Byrne, J.; Li, C.; Yuan, V.S.; Lau, K.S.;Wong, J.Y. Melhorar as competências de adaptação emocional e social das crianças com perturbações do espetro do autismo: Uma abordagem baseada na realidade virtual. Comput. Educ. 2018, 117, 1-15.

Knudsen, Claus JS, e Ambjorn Naeve. "Produção de presença num ambiente virtual partilhado e distribuído para explorar a matemática". Sistemas informáticos avançados. Springer, Boston, MA, 2002. 149-159.

Adams, Joel C., e Joshua Hotrop. "Construir um sistema económico de RV para o ensino de Ciências da Computação". Boletim ACM SIGCSE 40.3 (2008): 148-152.

Sampaio, Alcínia Z., et al. "Modelos 3D e RV no ensino da Engenharia Civil: Construção, reabilitação e manutenção." Automação na construção 19.7 (2010): 819-828.

Zhang, Kai, e Sai-Jun Liu. "A aplicação da tecnologia de realidade virtual no ensino e treinamento da educação física". Conferência Internacional do IEEE de 2016 sobre operações de serviços e logística e informática (SOLI). IEEE, 2016.

Ma, Chenguang, et al. "Estrutura de desenvolvimento de material de e-learning que suporta RV/RA com base em dados ligados para a educação de segurança IoT". Conferência Internacional sobre Tecnologias Emergentes de Internetworking, Dados e Web. Springer, Cham, 2018.

Weitze, Charlotte Lærke, e Gunver Majgaard. "Desenvolver a literacia digital através da conceção de jogos de RV/RA para a aprendizagem". Actas da 13.ª Conferência Internacional sobre Aprendizagem Baseada em Jogos (ECGBL 2019). 2020.

Chowdhary, KR1442. "Processamento de linguagem natural". Fundamentos da inteligência artificial (2020): 603-649.

Rufai, M. M., S. O. Alebiosu, e O. A. S. Adeakin. "Um modelo concetual para a gestão de salas de aula virtuais". International Journal of Computer Science, Engineering, and Information Technology 5.1 (2015): 27-32.

Raes, Annelies, et al. "Learning and instruction in the hybrid virtual classroom: Uma investigação sobre o envolvimento dos alunos e o efeito dos questionários". Computadores e Educação 143 (2020): 103682.

Akçayır , Gökçe, e Murat Akçayır. "A sala de aula invertida: Uma revisão das suas vantagens e desafios." Computers & Education 126 (2018): 334-345.

Turan, Zeynep, e Birgul Akdag-Cimen. "Sala de aula invertida no ensino da língua inglesa: uma revisão sistemática". Aprendizagem de línguas assistida por computador 33.5-6 (2020): 590-606.

Strelan, Peter, Amanda Osborn e Edward Palmer. "A sala de aula invertida: Uma meta-análise dos efeitos no desempenho dos alunos em todas as disciplinas e níveis de ensino." Educational Research Review 30 (2020): 100314.

Zulkifli, Nur Aisyah, e Yenni Rozimela. "Aplicações em linha para apoiar o diálogo e a avaliação na sala de aula à distância". Journal of Physics: Conference Series. Vol. 1779. No. 1. IOP Publishing, 2021.

Francisco, Christopher. "Eficácia de uma sala de aula online para uma aprendizagem flexível". Revista Internacional de Pesquisa Acadêmica Multidisciplinar (IJAMR) 4.8 (2020): 100-107.

Jackson, Sherion H. "Student Questions: Um caminho para o envolvimento e a presença social na sala de aula online". Jornal de Educadores Online 16.1 (2019): n1.

Hiltz, Starr Roxanne, e Peter Shea. "O aluno na sala de aula em linha". Learning together online: Research on asynchronous learning networks (2005): 145-168.

Kc, Deepak. "Avaliação das funcionalidades do moodle na universidade de ciências aplicadas de kajaani - estudo de caso". Procedia computer science 116 (2017): 121-128.

Burrack, Frederick, e Dorothy Thompson. "Canvas (LMS) como um meio para uma avaliação eficaz da aprendizagem dos alunos numa instituição de ensino superior." Jornal de Avaliação no Ensino Superior 2.1 (2021): 1-19.

Dobre, Iuliana. "Learning Management Systems for higher education-an overview of available options for Higher Education Organizations." Procedia-social and behavioral sciences 180 (2015): 313-320.

Agarwal, A., V. R. Naidu, e R. Al Mamari. "Uma estrutura para melhorar a experiência de aprendizagem na sala de aula invertida com base na responsabilidade do aluno em relação à participação ativa". EDULEARN19 Proceedings 1 (2019): 1569-1577.

Abuhlfaia, Khaled, e Ed de Quincey. "A usabilidade das plataformas de e-learning no ensino superior: um estudo de mapeamento sistemático". Actas da 32.ª Conferência Internacional de Interação Homem-Computador da BCS 32. 2018.

Moseley, Simone, e Taiwo Ajani. "PERCEPÇÕES DOS UTILIZADORES SOBRE O SISTEMA DE GESTÃO DA APRENDIZAGEM BRIGHTSPACE". Issues in Information Systems 16.4 (2015).

Bates, Tony. "O que está certo e o que está errado nos MOOCs do estilo Coursera". EdTech in the Wild (2019).

Cetina, Iuliana, Dumitru Goldbach e Natalia Manea. "Udemy: um estudo de caso em educação e treinamento online". Revista Economică 70.3 (2018): 46-54.

Anyatasia, F. N., H. B. Santoso, e K. Junus. "An evaluation of the udacity mooc based on instructional and interface design principles." Journal of Physics: Conference Series. Vol. 1566. No. 1. IOP Publishing, 2020.

Parry, Marc. "EdX oferece exames supervisionados para cursos online abertos". The Chronicle of Higher Education (2012).

Agarwal, Avani, et al. "Efeito do e-learning na saúde pública e no ambiente durante o confinamento da COVID-19". *Big Data Mining and Analytics* 4.2 (2021): 104-115.

Safsouf, Yassine, Khalifa Mansouri e Franck Poirier. "Ambiente de aprendizagem inteligente, medir a satisfação dos estudantes em linha: Um estudo de caso no contexto do ensino superior em Marrocos". Conferência Internacional de 2020 sobre Tecnologias Elétricas e de Informação (ICEIT). IEEE, 2020.

Pham, Hiep-Hung, e Tien-Thi-Hanh Ho. "Rumo a um 'novo normal' com e-learning no ensino superior vietnamita durante a pandemia pós COVID-19." Pesquisa e Desenvolvimento do Ensino Superior 39.7 (2020): 1327-1331.

Seo, K., Tang, J., Roll, I. et al. O impacto da inteligência artificial na interação aluno/instrutor na aprendizagem em linha. Int J Educ Technol High Educ 18, 54 (2021). https://doi.org/10.1186/s41239-021-00292-9

Hwang, Gwo-Jen, et al. "Visão, desafios, papéis e questões de investigação da Inteligência Artificial na Educação". Computadores e Educação: Inteligência Artificial 1 (2020): 100001.

Belpaeme, Tony, et al. "Robôs sociais para a educação: A review". Science robotics 3.21 (2018): eaat5954.


Hébert, Thomas P., et al. "It's safe to be smart: Strategies for creating a supportive classroom environment." Gifted Child Today 37.2 (2014): 95-101.

Bhatia, Munish, e Avneet Kaur. "Estrutura inspirada na computação quântica de avaliação do desempenho do aluno na sala de aula inteligente." Transações sobre tecnologias emergentes de telecomunicações 32.9 (2021): e4094.

Chiang, Mung, e Tao Zhang. "Fog e IoT: Uma visão geral das oportunidades de investigação". IEEE Internet of things journal 3.6 (2016): 854-864.

Srivastava, Mayank, Praneet Saurabh e Bhupendra Verma. "IOT para capturar informações e fornecer um quadro de avaliação para instituições de ensino superior - um quadro para a aprendizagem futura". Soft Computing for Problem Solving. Springer, Singapura, 2020. 249-261.

Chang, Chii, Satish Narayana Srirama e Rajkumar Buyya. "Indie fog: Uma infraestrutura eficiente de computação em névoa para a Internet das coisas". Computador 50.9 (2017): 92-98.

Archer, Jeff, et al. Better feedback for better teaching: A practical guide to improving classroom observations. John Wiley & Sons, 2016.

Jensen, Emily, et al. "Toward automated feedback on teacher discourse to enhance teacher learning." Anais da Conferência CHI 2020 sobre Fatores Humanos em Sistemas de Computação. 2020.

Jensen, Emily, Samuel L. Pugh e Sidney K. D'Mello. "Uma abordagem de aprendizagem por transferência profunda para modelar o discurso do professor na sala de aula". LAK21: 11ª Conferência Internacional de Análise de Aprendizagem e Conhecimento. 2021.

Borenstein, Jason, e Ayanna Howard. "Desafios emergentes em IA e a necessidade de educação ética em IA". IA e Ética 1.1 (2021): 61-65.

Luo, S. (2019, outubro). Pesquisa sobre a mudança da gestão educacional na era da inteligência artificial. Em *2019 12ª Conferência Internacional sobre Tecnologia de Computação Inteligente e Automação (ICICTA)* (pp. 442-445). IEEE.

Xu, Ling. "O dilema e as contramedidas da IA na aplicação educacional". *2020 4ª Conferência Internacional sobre Ciência da Computação e Inteligência Artificial*. 2020.

Cuban, L. (2001). *Oversold and underused: Reforming schools through technology, 1980-2000*. Cambridge, MA: Harvard University Press.

Serrano, R. M., & Casanova, O. (2022). Rumo a uma mudança tecnológica e metodológica na aprendizagem musical em Espanha: Perceção dos alunos sobre a sua formação inicial de professores. *SAGE Open*, 12(1), 21582440211067236.

Srinivasan, R., & González, B. S. M. (2022). O papel da empatia na responsabilização da inteligência artificial. *Journal of Responsible Technology*, 9, 100021.

Michalsky, Tova. "Integrando a análise de vídeo de comportamentos de professores e alunos para promover o conhecimento meta-estratégico de ensino de professores em serviço." Metacognição e Aprendizagem 16.3 (2021): 595-622.

Krüger, Jule M., Alexander Buchholz e Daniel Bodemer. "Realidade aumentada na educação: três características únicas na perspetiva do utilizador". Proc. 27th Int. Conf. sobre Comput. em Educ. 2019.

Gligoric, N., Uzelac, A., Krco, S., Kovacevic, I. & Nikodijevic, A. (2015). Sistema de sala de aula inteligente para detetar o nível de interesse que uma palestra cria numa sala de aula.
*Journal of Ambient Intelligence and Smart Environments, 7*(2), 271-284.

León, C.A.D., Montoya, E.M.H., Arredondo, E.A.G. e López, G.A.M. (2017). Desenho e desenvolvimento de um sistema de interação para ser implementado numa sala de aula inteligente. *Revista EIA/Versão em inglês, 13*(26): 95-109.

Wankel, C. & Blessinger, P. (2013). *Aumentar o envolvimento e a retenção dos alunos usando tecnologias de sala de aula: Classroom Response Systems and Mediated Discourse Technologies (Sistemas de resposta na sala de aula e tecnologias de discurso mediado).* Reino Unido: Emerald Group Publishing Limited.

Wu, H.-K., Lee, S.W.-Y., Chang, H.-Y., & Liang, J.-C. (2013). Situação atual, oportunidades e desafios da realidade aumentada na educação. *Computadores e Educação, 62*, 41-49.

Jensen, Emily, et al. "Toward automated feedback on teacher discourse to enhance teacher learning." Anais da Conferência CHI 2020 sobre Fatores Humanos em Sistemas de Computação. 2020.

Caviglione, L., e Coccoli, M. (2018). Sistemas de e-Learning inteligentes com Big Data.
International Journal of Electronics and Telecommunications 64(4):445-450.

Borenstein, Jason, e Ayanna Howard. "Desafios emergentes em IA e a necessidade de educação ética em IA". IA e Ética 1.1 (2021): 61-65.

Abd-Elaal, E. S., Gamage, S. H., & Mills, J. E. (2019, janeiro). A inteligência artificial é uma ferramenta para enganar a integridade académica. Na *30ª Conferência Anual da Associação Australiana de Educação em Engenharia (AAEE 2019): Educadores se tornando agentes de mudança: Inovar, Integrar, Motivar* (pp. 397-403). Brisbane, Queensland: Engineers Australia.

Michalsky, Tova. "Integrando a análise de vídeo de comportamentos de professores e alunos para promover o conhecimento meta-estratégico de ensino de professores em serviço." Metacognição e Aprendizagem 16.3 (2021): 595-622.

Krüger, Jule M., Alexander Buchholz e Daniel Bodemer. "Realidade aumentada na educação: três características únicas na perspetiva do utilizador". Proc. 27th Int. Conf. sobre Comput. em Educ. 2019.

Liu, S., Chen, Y., Huang, H., Xiao, L., & Hei, X. (2018, dezembro). Rumo a recomendações educacionais inteligentes com aprendizado por reforço em sala de aula. Na *Conferência Internacional IEEE de 2018 sobre Ensino, Avaliação e Aprendizagem para Engenharia (TALE)* (pp. 1079-1084). IEEE.

Glaessgen, E.H., & Stargel, D.S. (2012). *The Digital Twin Paradigm for Future NASA and U.S. Air Force Vehicles [O paradigma do gémeo digital para futuros veículos da NASA e da Força Aérea dos EUA].* NASA. Disponível em: https://ntrs.nasa.gov/citations/20120008178.

Grieves, M. (2015). *Digital Twin: Excelência de fabrico através da replicação da fábrica virtual.* Whitepaper, disponível em: https://www.researchgate.net/publication/275211047_Digital_Twin_Manufacturin g_Excellence_through_Virtual_Factory_Replication.

Kümmel, E., Moskaliuk, J., Cress, U., & Kimmerle, J. (2020). Ambientes de aprendizagem digital no ensino superior: A Literature Review of the Role of Individual vs. Social Settings for Measuring Learning Outcomes. *Ciências da Educação, 10 (78).*

Madni, A.M., Erwin, D., & Madni, A. (2019). Explorando a tecnologia de gêmeos digitais para ensinar fundamentos de engenharia e oferecer oportunidades de aprendizagem no mundo real, (p. 2019 ASEE Annual Conference & Exposition).

Major,L., & Francis, G. (2020). *Aprendizagem personalizada apoiada pela tecnologia: Rapid Evidence Review.* EdTechHub. Disponível em:

https://www.researchgate.net/publication/342988837_Technologysupported_perso
nalised_learning_Rapid_Evidence_Review.

David, J., Lobov, A., & Lanz, M. (2018, julho). Aproveitando gêmeos digitais para aprendizagem assistida de sistemas de manufatura flexíveis. Em *2018 IEEE 16ª Conferência Internacional sobre Informática Industrial (INDIN)* (pp. 529-535). IEEE.

Kolb, D. A. (1984). Aprendizagem experiencial: A experiência como fonte de aprendizagem e desenvolvimento. Prentice Hall.

Furini, M., Gaggi, O., Mirri, S., Montangero, M., Pelle, E., Poggi, F., & Prandi, C. (2022). Gémeos digitais e inteligência artificial: como pilares de modelos de aprendizagem personalizados. *Communications of the ACM*, *65*(4), 98-104.

Hsu, Po-chun, et al. "Towards robust neural vocoding for speech generation: A survey."arXiv preprint arXiv:1912.02461 (2019).

Krüger, Jule M., Alexander Buchholz e Daniel Bodemer. "Realidade aumentada na educação: três características únicas na perspetiva de um utilizador." Proc. 27th Int. Conf. sobre Computadores. na educação 2019.

Chen, L., Chen, P., & Lin, Z. (2020). Inteligência artificial na educação: Uma revisão. *Ieee Access, 8*, 75264-75278.

Roll, I., & Wylie, R. (2016). Evolução e revolução da inteligência artificial na educação. *Revista Internacional de Inteligência Artificial na Educação, 26*(2), 582-599.

Chen, X., Xie, H., Zou, D., & Hwang, G. J. (2020). Lacunas de aplicação e teoria durante a ascensão da Inteligência Artificial na Educação. *Computadores e Educação: Inteligência Artificial, 1*, 100002.

.Ikedinachi, A. P., Misra, S., Assibong, P. A., Olu-Owolabi, E. F., Maskeliūnas, R., & Damasevicius, R. (2019). Inteligência artificial, salas de aula inteligentes e educação online no século XXI: implicações para o desenvolvimento humano. *Jornal de casos sobre tecnologia da informação (JCIT), 21*(3), 66-79.

Hwang, G. J., Xie, H., Wah, B. W., & Gašević, D. (2020). Visão, desafios, papéis e questões de pesquisa da Inteligência Artificial na Educação. *Computadores e Educação: Inteligência Artificial, 1*, 100001.

Holmes, W., Bialik, M., & Fadel, C. (2019). Inteligência artificial na educação. *Boston: Center for Curriculum Redesign, 2019*, 1-35.

Ocaña-Fernández, Y., Valenzuela-Fernández, L. A., & Garro-Aburto, L. L. (2019). Inteligência Artificial e suas implicações no ensino superior. *Revista de Psicologia da Educação-Propositos y Representaciones*, 7(2), 553-568.

Renz, A., & Hilbig, R. (2020). Pré-requisitos para a inteligência artificial no ensino superior: identificação de factores, barreiras e modelos de negócio de empresas de tecnologia educativa. *Revista Internacional de Tecnologia Educacional no Ensino Superior*, 17(1), 1-21.

Chen, X., Zou, D., Xie, H., Cheng, G., & Liu, C. (2022). Duas Décadas de Inteligência Artificial na Educação. *Educational Technology & Society*, 25(1), 28-47.

McArthur, D., Lewis, M., & Bishary, M. (2005). O papel da inteligência artificial na educação: progressos actuais e perspectivas futuras. *Journal of Educational Technology*, 1(4), 42-80.

Mystakidis, Stylianos. "Metaverso". Enciclopédia 2.1 (2022): 486-497.

yes
**I want** morebooks!

Buy your books fast and straightforward online - at one of world's fastest growing online book stores! Environmentally sound due to Print-on-Demand technologies.

Buy your books online at
**www.morebooks.shop**

Compre os seus livros mais rápido e diretamente na internet, em uma das livrarias on-line com o maior crescimento no mundo! Produção que protege o meio ambiente através das tecnologias de impressão sob demanda.

Compre os seus livros on-line em
**www.morebooks.shop**

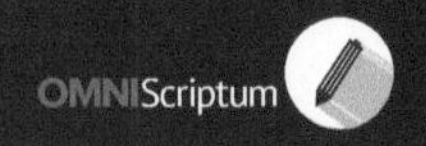

Printed by Books on Demand GmbH, Norderstedt / Germany